U0597131

机 器 壁 虎

王义炯　编著

知识出版社

图书在版编目（C I P）数据

机器壁虎 / 王义炯编著． -- 北京 ：知识出版社，
2016.5
（科学手拉手）
ISBN 978-7-5015-9113-8

Ⅰ．①机… Ⅱ．①王… Ⅲ．①仿生—青少年读物
Ⅳ．①Q811-49

中国版本图书馆 CIP 数据核字（2016）第 106129 号

机器壁虎

出 版 人	姜钦云	
责任编辑	刘 盈	
装帧设计	国广中图	
出版发行	知识出版社	
地 址	北京市西城区阜成门北大街 17 号	
邮 编	100037	
电 话	010-88390659	
印 刷	北京一鑫印务有限责任公司	
开 本	889mm×1194mm 1/16	
印 张	8	
字 数	100 千字	
版 次	2016 年 5 月第 1 版	
印 次	2020 年 2 月第 2 次印刷	
书 号	ISBN 978-7-5015-9113-8	

定 价 29.80 元

版权所有 翻印必究

卷 首 语

　　几乎每一种动物都"身怀绝技"，它们是我们这个星球上出色的"发明家"。

　　也许你会问，难道动物也会发明创造吗？是的。只要翻开人类科学技术发展的史册，你就会发现：在船只还没有出现之前，生物航海家——鱼类已经游弋于茫茫大海之中；鸽子在用自己的"罗盘"导航的时候，人类的定位仪还无影无踪；最早用灯光照明的不是人类，而是萤火虫；最早发明飞机的不是莱特兄弟，而是昆虫，因为早在3亿年前，它们作为地球上第一批飞行家，已经飞上了天空。

　　在动物的"发明创造"面前，人们赞叹不已。于是，科学家们开始向动物"发明家"学习，发明创造新技术、新工艺和新设备。模仿生物的科学——仿生学，在20世纪60年代也就应运而生了。

　　如今，仿生学的研究已经取得了丰硕的成果。人们模仿水母的"耳朵"，制造了水母耳风暴预测仪；人们向青蛙"学习"，研制成了电子蛙眼，用来跟踪人造地球卫星；人们向壁虎取经，制成了机器壁虎，让它在执行特定的搜救、反恐和探测等任务时大显身手。

目　录

生物的定位和导航

奇妙的生物通信

活的化学机器

大自然的能工巧匠

生物机械

人和机器

生物的定位和导航

　　大雁南来北往，燕子秋去春回。随着季节的变化，候鸟在一年中总要搬上两次家。这就是迁徙。在漫长的路途中，鸟类是靠什么来定向和导航的呢？有人解释说，这是因为它们记住了沿路上的高山、森林、大海和村庄。不过，要将万里行程中的景物一一记住，显然是不可能的。

　　于是，人们就把解决这一问题的希望，转向了天空。研究结果显示，一些鸟类是按照太阳的方位定向的。然而，多数鸟类是在夜间迁徙飞行的。那么夜幕降临时它们又是按照什么来定向的呢？实验结论表明，璀璨的群星是鸟类夜间飞行的"定位仪"。

　　看来，太阳和星象是鸟类的定向标。但是下面的现象又该如何解释呢？有一次，在浓雾中，一群海鸠超过了用罗盘定向开往一个岛屿的船只，提前到了这座岛上。这些鸟是怎样定向的呢？这至今仍是个未解之谜。

　　研究表明，鸽子拥有"地磁罗盘"。远在人类出现之前，蚂蚁、蜜蜂、甲虫等动物已经用天空偏振光来"导航"了，它们有着自己的"偏光罗盘"。至此，人们以为动物的定位和导航之谜将真相大白。

　　且慢，我们知道，要到某地旅行，光靠能确定方向的罗盘是不够的，还必须有一张指明具体路线的地图。实验证明，许多动物已拥有自己的"罗盘"，然而，它们的"地图"在哪里呢？地球磁场、地球重力场或者夜空的星象是否就是这种"地图"呢？看来，要最终揭开这一谜团，还需要进一步的探索和研究。

鸽子返航

相传远在楚汉相争和张骞出使西域的时候，鸽子就被用来传递信息了。在交通和通信不便的古代，城市商人常把鸽子当作互通行情的工具。那时的航海者在远航时，也免不了要带上几只鸽子，用它们来传递家信和报告归期。即使在科技发达、交通便捷的今天，世界上几乎所有国家的边防军，仍然在用鸽子当"义务通信兵"。

信鸽能帮助人类传递信息。

鸽子有着惊人的导航能力。据记载，1935 年，有一只鸽子整整飞了 8 天，绕过半个地球，从西贡（现为越南胡志明市）风尘仆仆地飞回了法国，全程达 11265 千米。

鸽子是怎样认得归家之路的呢？让我们从两千多年前的一个故事说起吧。在西汉时，有个人给汉武帝献上一副棋子。棋子被放到光滑的铜棋盘上后，一个个竟然都走动起来，有些棋子还相互发生碰撞。汉武帝见后大悦，马上让献棋人做了大官。原来，这些棋子是由磁石做成的。每块磁石都有南、北两极：两块磁石的同极相遇，会互相排斥；异极之间则相互吸引。

地球是一个硕大的磁体。

正是这种相互排斥和吸引，使棋子自己走动和碰撞起来。

在这以后，人们发现，磁石还有一种特殊的本领——指示方向。于是，有人将一把形似汤匙的磁石，放在光滑的铜盘上，制成了世界上第一个指南针。

大家知道，地球是一个硕大无朋的大磁体。有些科学家认为，鸽子之所以能从千里之外回归故里，是因为它们不光能靠太阳指路，还能根据地

蜜蜂的腹部也有可指引方向的磁石。
图片作者：Sajjad Fazel

球磁场确定航行的方向，特别是在乌云蔽日或大雾笼罩的时候。

为了证明这个观点，科学家给鸽子戴上了黑色的眼罩，使它既看不到太阳，也看不到地面上的物体。结果，放飞后的鸽子仍然能够按照正确的方向，飞回鸽房。但是如果在鸽子的颈部安上一个带磁性的金属圈，或者将一根小磁棒缚在鸽子的身上，那么在阴天放飞后，它们便一去不复返，再也回不了老家。显然，这是因为鸽子周围的地磁场发生了变化，使它们失去了定向能力。

1978年，美国科学家在鸽子的头部发现了磁石，这是一小块含有丰富磁性物质的组织。他们认为，也许这就是天然的磁场检测器。

与此同时，科学家发现，在蜜蜂的腹部也有这类磁石。难怪侦察蜂在水平面上，用舞蹈动作报告食物方位时，总是喜欢取南北或东西方向，因此它们被人们称为"活的磁罗盘"。

使人感兴趣的是，甚至在肉眼无法分辨的细菌中，现在也发现了这类磁石。这是由环境中的铁原子合成的、排成一行的磁石小粒。正是这些磁石，使细菌能根据地磁场定向：如果将这些细菌移入一个盘子中，它们便不断地游向北方。

目前，人们正在深入研究鸟类和其他生物利用地磁场导航的本领，以便改进我们的导航系统，研制新颖的导航设备。

罗马皇帝的奇遇

公元 312 年在古罗马的密里尔桥地区，一场激战一触即发。据传说，当罗马皇帝康斯坦丁向上天祈祷的时候，在蔚蓝的天空中，他瞥见了一个"十"字。"这是胜利的预兆"，康斯坦丁变得兴高采烈起来。在他的鼓动下，士兵们士气大振，一举赢得了战争的胜利。

这件事引起了神学家们的兴趣，在他们看来，这是上天在显灵的证据。不过，一些生理学家认为那位罗马皇帝看到的"十"字，实际上就是偏振光的图形。

什么是偏振光呢？只在某个方向上振动，或者某个方向的振动占优势的光，就叫偏振光。太阳光本身并不是偏振光，但当它穿过大气层，受到大气分子或尘埃等颗粒的散射后，便变成了偏振光。天空中任何一点的偏振光的方向，都垂直于由太阳、观察者和这一点所组成的平面，因此，根据天空偏振光的图形，就可以确定太阳的位置。

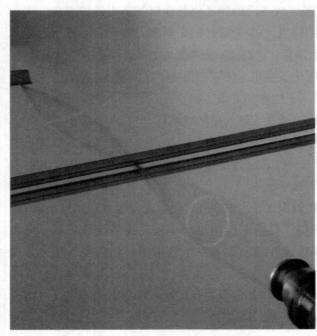

偏振光。图片作者：Zátonyi Sándor，（if.）Fizped

1884 年，奥地利的矿物学家海丁格曾经做过一个试验。在阳光灿烂的晴空，有 25%~30% 的人单凭肉眼，就能看到暗淡的天空偏振光的图形——两种颜色组成的"十"字，水平线是黄色的，垂直线是蓝色的；如果你对着天空的另一区域凝视，图形也会随之变化。可是，在很长一段时间里，人们并不知道天空偏振光究竟有些什么用处。

在这一方面，蚂蚁和蜜蜂等动物比人要高明得多，它们早已懂得用天空偏振光来导航了。

沙漠箭蚁的眼睛是天然的偏光导航仪。
图片作者：The photographer and www.antweb.org

在沙漠中有一种箭蚁，它在离开自己的巢穴时，总是弯弯曲曲地前进，到处寻找食物，一旦得到食物后，即使在离巢很远的地方，它也会沿直线返回原地。

箭蚁是怎样辨认方向的呢？科学家让箭蚁在回巢的路上，戴上"有色眼镜"——使它通过各色滤光片观察天空。结果发现，波长为 410 毫微米以上的天空光，会使箭蚁像迷了路一样，忘了回家的方向；如果给它看波长在 400 毫微米以下的光，箭蚁一下子便找到了前进的方向。紫外线的波长正是在 400 毫微米以下，也就是说，箭蚁是用紫外线导航的。但是，如果使天空光去掉偏振，变为非偏振光，箭蚁的正常行动也会被打乱。由此可见，箭蚁是利用偏振紫外线导航的，它们的眼睛是天然的偏光导航仪。

大头金龟子也是按照天空偏振光导航的。有时，它们为了寻找理想的食物——植物的嫩茎绿叶，会沿着曲折的路径蜿蜒前进，但是回家时却总是走捷径，一点也不兜圈子，而且一开始返回，便将方向对准巢穴。有人做过一个试验：把金龟子放在一块板上，无论板如何倾斜，只要能看到天空和太阳，它们就能顺利地回家，从来不会迷失方向。

蜜蜂的偏光导航仪是在头部的复眼中。它的复眼是由 6300 只小眼组成的，每只小眼里有 8 个作辐射状排列的感光细胞，蜜蜂就是靠这些小眼来感受天空偏振光的。科学家按照蜜蜂小眼的构造，制成了八角形的人造蜂眼。用它来观察天空，果然，天空的每一个区域都有特有的偏振光图形。科学家从蜜蜂利用偏振光定向的本领中，得到了启发，制成了用于航空和航海的偏光天文罗盘。自从这种罗盘出现以后，在磁罗盘失灵的南、北极上空，飞机依然能准确定向；

轮船在阴云笼罩的大海上航行，再也不必担心迷失方向了。

苍蝇的导航仪

　　大多数鸟类是出色的飞行家。不过，一些身大体重的鸟，在起飞的时候，也得像飞机那样有一条"跑道"。相比之下，苍蝇就显得十分优越了，它不用"跑道"也能直接起飞。原来，苍蝇后面的一对翅膀退化了，形成了一对哑铃形状的东西，这就是楫翅。楫翅能使虫体始终保持紧张状态，更重要的作用是它能使苍蝇保持航向，它是天然的导航仪。在苍蝇飞行时，楫翅就以每秒330次的频率不停地振动着。一旦虫体倾斜、俯仰或偏离航向，楫翅振动平面的变化便被它基部的感受器所察觉，并向脑报告，经过分析后，脑就命令有关的肌肉把偏离的航向纠正过来。

1852年发明的陀螺仪。

　　陀螺是小朋友们比较熟悉的一种玩具。它飞快地旋转时，大风吹不倒，即使用手推一把，也不过是摇晃一下而已。也就是说，迅速转动的陀螺，能保持它转动轴线的方向不变。根据这个原理制成的陀螺仪，早已安装在飞机、轮船和火箭上，用来保持准确的航向。可是，这种陀螺仪里有高速旋转的转子，体积太大了。为了使陀螺仪小巧玲珑，人们就只好向苍蝇取经了。

　　依据苍蝇楫翅的导航原理，科学家研制成功了一种振动陀螺仪。它的主要部件像只音叉，是通过一个中柱固定在基座上的。装在音叉两臂四周的电磁铁，使音叉产生固定振幅和频率的振动，就好像苍蝇楫翅的振动那样。当飞机、轮船或火箭偏离正确航向时，音叉基座和中柱会发生旋转，中柱上的弹性杆就会将这一振动转变成一定的电信号，传给转向舵，于是，航向便被纠正了。由于这种振动陀螺仪没有高速旋转的转子，因而体积很小，可以装在一只茶杯里，但准确性却相当于比它大五倍的普通陀螺仪。

在生物导航原理的启发下，人们又相继研制成功了一些高精度的小型陀螺仪。这些新型的导航仪，目前已被应用于高速飞行的火箭和飞机，它们有力地保证了飞行的稳定性，使之保持准确的航向。

看见热线的眼睛

在瑞典斯德哥尔摩的动物园里，一条巨大的眼镜王蛇当上了"夜间警卫"。这是怎么一回事呢？原来，这个动物园里接二连三地发生了失窃案，一条条珍奇的鱼和一些稀有的爬虫不翼而飞了。水族馆和爬虫馆的工作人员急得团团转，都无计可施。有位工作人员急中生智，在每天闭馆以后，把眼镜王蛇放出笼子，让它在笼子和鱼池间巡逻。说来也怪，从此以后，这个动物园便平安无事了。

在西欧，毒蛇也被委任为"警卫"了。汽车的主人把它放在车座上，使偷车的人望而止步；农场主用蛇来看守瓜果，吓得那些想顺手牵羊的人再也不敢来了。

人们为什么如此惧怕毒蛇呢？这不光是因为它动作神速，还由于它感觉灵敏，即使在漆黑的夜晚，也能发现目标，并发起攻击。这是

蛇的颊窝能看见红外线。

因为蛇的一对眼睛特别好吗？不是，它的视力并不佳，只是它另有一种能看见热线（也就是红外线）的"眼睛"，这就是热定位器。这种热定位器就长在蛇的眼睛和鼻孔之间叫做颊窝的地方。人们又将它称为"第三眼"，这是因为每个动物都会发出热线，因而依靠这"第三眼"，蛇就能寻找和辨别活的目标了。人对于这种热线，却是"视而不见"的。

对红外线最敏感的，莫过于热带地区的响尾蛇了。即使千分之一摄氏度的温度变化，也会使它的神经变得兴奋起来，并清楚地告诉它，在夜幕笼罩下，旁边的动物究竟在何处。正因为响尾蛇具备了热定位器，所以在伸手不见五指的情况下，它也能百发百中地捕获猎物。鉴于这个原因，美国的军事专家把20世纪50年代研制成功的、带有红外追踪装置的第一代红外线导弹，称作"响尾蛇"式导弹。

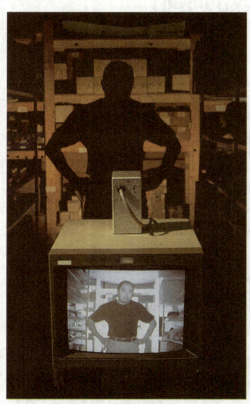

借助红外线夜视仪，可以"看清"黑暗中的人。
图片作者：www.ExtremeCCTV.com

目前，人类制造的红外探测仪的灵敏度，已远远超过了蛇的热定位器，并且已在工业、农业和医学上获得了广泛应用。例如，把它装在猎枪上，可以在夜间进行狩猎。飞机和舰船在夜间或雾天航行时，利用这种红外探测仪，可以透过黑暗或云雾辨认各种物体。资源卫星装上了这种仪器，可以把海洋里游动的鱼群、密林覆盖着的暗河、千百年来一直无人问津的地下宝藏尽收"眼"底。把它装在天文望远镜上，可以观测到许多肉眼无法看到的天体。在工业上，利用这种仪器可以直接观察各种热的容器内部和表面的温度。医生们用这种仪器，则可以检查出人体表面温度的差异，帮助诊断各种疾病。

既然如此，科学家们为什么还要研究蛇的"第三眼"呢？这是因为蛇的热定位器体积小，有精确的方向性，这对于人们研制小型的仪器来说，是十分理想的样板。同时，在蛇的热定位器和脑神经之间，没有一个放大器，如果我们能揭示其中的奥秘，肯定就能设计和研制成不带放大器的"蛇眼"——红外定位器。显然，这种定位器将比蛇的热定位器更胜一筹。

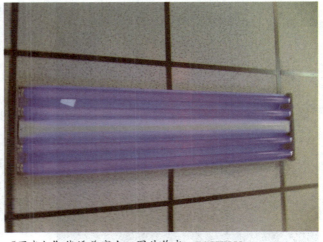

"黑光灯"能诱杀害虫。图片作者：FASTILY

　　蛇能看见热线，蜜蜂、蚂蚁和蝴蝶的眼睛也另有一个功能，它们能清楚地看见紫外线。在农村夜间的田野上，人们常可看到"黑光灯"在诱杀害虫，这种灯能发出紫外线，吸引害虫"自投罗网"。人眼对紫外线是视而不见的，热定位器对它也无可奈何，因而它是不容易被察觉的。目前科学家对昆虫"紫外眼"的研究，将在军事上显示出它的积极意义。

生死搏斗

　　夏天的夜晚是宁静的。

　　然而，一场激烈的空战已经拉开了序幕：一只夜蛾飞来了，它惊恐万状、神色慌张，拼命地扇动着双翅，兜着螺旋形的圈子；夜蛾的天敌——号称"活雷达"的蝙蝠已经尾随而来，它拍动着灰黑色的翅膀，步步紧逼；眼看那夜蛾就要束手被擒，然而，就在这千钧一发的时刻，只见夜蛾当机立断，来了一个急转弯，接着几个翻滚动作，随后又收起翅膀，垂直落到地面上，溜之大吉了。

　　蝙蝠盘旋着，可是茫茫夜空，再也找不到夜蛾的踪迹了。蝙蝠是怎样发现夜蛾的呢？夜蛾又是如何对抗蝙蝠追捕的呢？

蝙蝠在黑夜中可以自如飞行。

图片作者：Oren Peles

蝙蝠是昼伏夜出的动物。在苍茫的暮色中，在黑暗的岩洞里，它都能飞行自如，从不会撞到什么东西上。这是因为蝙蝠在夜间有特别敏锐的视觉吗？不是的。170多年前，科学家曾经做过一个实验。在一间房子里挂了很多绳子，绳子上系着许多小铃铛，把蝙蝠的眼睛蒙起来，让它在这间房子里飞行。结果，蝙蝠足足飞行了几个小时，一次也没碰到过绳子和小铃铛。但是如果把它的双耳塞住，蝙蝠便黔驴技穷了，多次碰到绳子，搞得小铃铛叮当响起。后来，研究者又做了另一个实验，把蝙蝠的嘴堵住，结果它像喝醉了酒一样，往障碍物上乱撞。通过这些实验，人们才知道，蝙蝠的喉咙能产生一种人们听不到的超声波，通过嘴巴和鼻孔向外发射出来。遇到物体时，超声波便被反射回来。蝙蝠的耳朵听到回声后，经过脑的分析，就能判断物体的大小、形状和位置，区分这是食物还是障碍物。科学家把这种根据回声探测物体的方法，称为"回声定位"。

蝙蝠的回声定位技术是相当高超的。在一秒钟内，它们能捕捉和分辨250组（超声波往返一次算一组）回声，同时发出相同数目的超声波。蝙蝠能发现用0.1毫米粗的线织成的网，并根据网洞的大小，在一刹那间收起翅膀，顺利地飞过去。它们的分辨能力是令人赞叹的，无论是昆虫反射的回声信号，还是地面、树木的回声信号，它们都能一一分辨出来，并同时探测到几个目标的形貌和位置。要知道，这些回声是微乎其微的，即使用极灵敏的人造微音器也很难收听到。例如，在热带有一种专吃鱼的蝙蝠，叫食鱼蝠，它们在飞掠水面时，会向水里发射超声波。当食鱼蝠的耳朵接收到从鱼体反射回来的回声时，超声波的能量已经损失掉99.9%，声强只有原来的百万分之一了。尽管如此，食鱼蝠仍能听到回声，并迅速降落到水面上，将爪子伸入水中把鱼抓出来。人们发现，食鱼蝠的耳朵还是一个共振器，能将极弱的回声信号增强。它的耳廓也能活动，以便在回声最强的方向上收集信号。食鱼蝠的探测本领博得了军事专家的赏识，他们想从中得到一些启发，设计出一种能在飞机上发现潜水艇的雷达。

蝙蝠的抗干扰能力也特别强。它可以同时探测几个目标，即使人为地进行干扰，甚至干扰噪声比蝙蝠发出的超声波要强一二百倍，它仍能有条不紊地探测四周的目标。有时，成千上万只蝙蝠同住在一个岩洞里，它们在晚出早归的时候，常齐声呼唤，像万炮齐鸣一样，同时发出超声波。按理说，这时蝙蝠会昏头昏脑，不辨东南西北了。可是它们却像分别生活在"独家村"一样，各行其是，互不干扰。

既然蝙蝠的"武艺"如此高强，为什么小小的夜蛾竟能从它的嘴边逃之夭夭呢？要知道，强中更有强中手。夜蛾有一套"反雷达装置"。在夜蛾胸腹之间的凹陷处，每一侧有一个特殊的听觉器官，叫鼓膜器，它能接收蝙蝠发出的超声波。当夜蛾发现蝙蝠时，如果是在安全距离之外，它就可以从容不迫地避开。如果蝙蝠已经发现夜蛾，它的叫声频率便突然上升，就像扫描雷达捕捉到目标后，自动增加反射的脉冲数，以便把目标控制在探测范围内一样。这时，夜蛾已听到频率升高的蝙蝠的叫声，就像飞行员从电子仪器中，得知自己的飞机已被敌人雷达盯住一样。要是蝙蝠已近在咫尺，夜蛾的鼓膜神经就会报信：大难要临头了，赶快采取紧急措施。这时，夜蛾便急忙兜圈子、翻跟头、曲折飞行，以逃避追击，或者干脆收起翅膀，径直落到花草丛中，隐蔽起来，使蝙蝠再也找不到它。

有些夜蛾的足部关节上还有一种振动器，会"咔嚓、咔嚓"地发出一连串超声波，干扰蝙蝠的定向。另有一些夜蛾，身上长着一层厚厚的绒毛，能吸收超声波，使蝙蝠接收不到足够的回声，从而大大缩短了蝙蝠"雷达"的作用距离。还有一种夜蛾，能模仿味道极差的蛾子发出

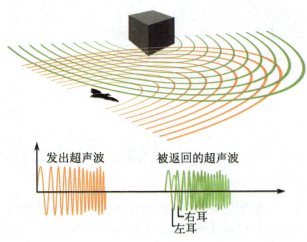

回声定位原理。

夜蛾身上有厚厚的绒毛。图片作者：Jacinta Lluch Valero

的超声波，使蝙蝠一"见"到它便大倒胃口，不愿前去捕食。正是因为夜蛾有这么一套奇特的本领，难怪英国皇家空军的 360 中队要把一只夜蛾画在队徽的中央，作为他们执行电子干扰任务的标志。

尽管蝙蝠在与夜蛾的决战中有时会失利，但它们不愧为仿生学研究中的一个好的样板。不少农业害虫一听到蝙蝠的呼叫声就会仓皇逃命，于是人们便模仿蝙蝠的声音驱赶害虫。当电子仪器发出蝙蝠那样的声音以后，象鼻虫蛾、玉米钻心虫等害虫便溜之大吉了，于是，农作物上的虫害便可大大减轻。

人们研究了蝙蝠的超声定位器以后，又研制成功了盲人用的"探路仪"。这种探路仪有点像手电筒，里面装有一个超声波发射器。周围物体反射回来的回声，被传感器接收后，变成了人耳可闻的声音信号。这个装置可以在 10 米左右的距离中发挥作用。盲人带着它，可以发现电线杆、台阶、人行道边缘、桥上的人等，经训练后，还能区分铺满砂石的小径和草地。如今，有类似作用的"超声眼镜"也已制成了。它们使盲人靠"听"声音就能知道路面的情况，顺利避开障碍物，更便捷、安全地行走。

夜猎手的定位器

猫头鹰是专门在夜间捕食的鸟类。它的脸像猫，两只眼睛又大又圆。白天，它无精打采地站在树干或林间空旷的草地上。可是，夜幕一降临，猫头鹰马上精神振奋，变成了出色的"猎人"。

猫头鹰是捕鼠除害的能手。即便在漆黑的夜晚，它追击老鼠时的飞行速度每秒钟也有好几米。猫头鹰在离鼠几十厘米的上空，就向前伸足，将爪展开，呈卵圆形；距离更近时，便伸腿向前，把头部和翅膀留在后面。颇为有趣的是，就在猫头鹰即将捉住老鼠的一瞬间，它往往会闭起那双圆溜溜的大眼睛。这位夜猎手会把猎物"空运"到合适的场所，猛咬鼠颈背部将对方杀死，然后尽情地享用。猫头鹰一夜的捕鼠量可达几十只之多。有人猜测，也许它的眼睛能看见我们人类看不到的红外线。但是，这在理论上是说不通的。因为猫头鹰的体温是 40 摄氏度左右，和老鼠的温度不相上下。要用发射红外线的眼睛去观察辐射同样红外线的目标，就好像用加热到发红的照相机来拍摄热得发红的物体，后者的像会融化在照相机本身的热光中。实际上，猫头鹰的眼睛对红外线是很不敏感的。

猫头鹰的眼睛到了夜间变得炯炯有神，这是什么原因呢？原来，高等动物的眼球内部有一种视网膜，视网膜上有两种感光细胞：一种叫视锥细胞，可以感受强光，它们在白天看东西，主要是这种细胞在发生作用；另一种叫视杆细胞，能感受弱光，动物在黄昏和夜间看东西，主要是它在起作用。人眼的视网膜上，主要是视锥细胞，而猫头鹰的视网膜上主要是视杆细胞。因此，猫头鹰对弱光特别灵敏，即使在漆黑的深夜也能看见东西。

但是，实验表明，猫头鹰在黑夜中发现和捕食老鼠，更主要的是靠听觉。研究者在隔音暗室的地上，铺上了泡沫塑料板，让尾巴后面拖着一张纸片的老鼠在室内乱窜。人们借助红外摄影技术发现，猫头鹰把攻击的矛头，对准了发出沙沙声的纸片，而根本没有注意那只老鼠。

猫头鹰能发现猎物和捕食主要靠听觉。
图片作者：Curtisbouvier

如果让扬声器发出已经录制好的老鼠的沙沙声，猫头鹰也会循声而来，并发起攻击。

猫头鹰的耳朵是不大容易找到的，因为它没有外耳，而且两只耳朵在头部的位置是不对称的。正因为耳朵奇特，猫头鹰才有敏锐的听觉。

猫头鹰的每一只耳朵，都只对一定区域的声音最敏感。例如，当老鼠在一边吱吱叫时，猫头鹰的一只耳朵听到了声音，而另一只耳朵对此却并不敏感。这时猫头鹰就会把头略为抬高一些，使这只耳朵对吱吱声也同样敏感，然后就朝向目标——老鼠俯冲而下。如果老鼠是在另一处吱吱叫，那么猫头鹰靠近这一侧的耳朵首先听到了声音，另一只耳朵对这声音不敏感，此时猫头鹰就会把头放低一些。两只耳朵位置的不对称，对猫头鹰发现老鼠是很有好处的。因为这样一来，它的听觉范围便大为扩大，在茫茫黑夜中，猫头鹰就能比较容易地寻找和发现目标了。

猫头鹰的听觉定位器给了人们很大的启发，也许今后科学家会模仿这种鸟的耳朵研制出一种灵敏的探测器。有了这种探测器，人们在广漠无际的森林中，在浩瀚的大海和地形复杂的山区中，寻觅生物和其他发声物体的踪迹时，就再也不会像大海捞针那样费事了。

生活在沙漠地区的一种蝎子，也是一个夜猎能手。这种蝎子以猎食昆虫为生，夜间常在沙层下面活动。它的腿的末端，有着灵敏的机械感受器。一旦昆虫如蟋蟀等，在 50 厘米外的沙层下活动，信息波就会通过沙子传过来，被蝎子的机械感受器所接收，这时蝎子就能很精确地知道蟋蟀的方位和距离。它先是跑到猎物的上方，然后用前面两只像大钳子一样的脚，迅速地在沙中挖掘起来，向猎物靠拢。蟋蟀等昆虫当然不会心甘情愿地束手就擒，当它们预感到大敌当前的时候，便立

沙漠中的一些蝎子能够靠腿上的机械感受器感知猎物。

图片作者：Robb Hannawacker, while working for Joshua Tree National Park

即向沙堆深处潜逃。一场决定生死存亡的运动战开始了，战斗的结果往往是蝎子胜利了，而蟋蟀等昆虫便成了它的美餐。研究这种蝎子的机械感受器，在军事上是很有用处的。人们只要将仿制的定位器放在沙漠下，就能对沙漠地区发生的变动了如指掌。

蟑螂的地动仪

破坏性很大的地震常给人们带来意想不到的灾难。

为了掌握大地的"脉搏"，预报地震，早在公元 132 年，我国学者张衡就创造了一台"地动仪"。这是一个以青铜铸成的圆筒，上面有一个圆顶。圆筒的内部装置着机关，外面铸有 8 个龙头，口中含有铜丸，朝着东、南、西、北、东北、东南、西北、西南 8 个方向。如果某个地方发生了地震，那个方向的龙头口中的铜丸就会掉入下面放着的铜蟾蜍的口中。当时，这台仪器设在东汉的首都洛阳。有一次，甘肃西部发生了地震，洛阳的居民一点也没感觉到，可是地动仪却已经发现了。

然而，在 3 亿年前，蟑螂就已经有自己的"地动仪"了。科学家用蟑螂做了一项试验，发现它在一个月里出现了五次反常行为：它们像热锅上的蚂蚁那样团团转，每一次都几乎发生在地震前四个小时。蟑螂是怎么知道地震即将发生的呢？原来，在蟑螂的尾部有一对尾须，尾须上密密麻麻地长着许多小毛，这就是

蟑螂能够感受振动。

图片作者：Anders L.Damgaard-www.amber-inclusions.dk-Baltic-amber-beetle

丝状小毛。蟑螂的地动仪就是由这些丝状小毛构成的。蟑螂尾须上的每一根丝状小毛，和张衡地动仪的每一个铜丸一样，只对来自某一方向的振动最敏感。可是，尾须比地动仪高明多了，它的体积只有地动仪的万分之一，但它的"铜丸"——丝状小毛却有两千根，辨别方向的精密程度显然也就高得多。通常，在地震前地表总会有一些轻微的震动。这些震动人是感觉不到的，但蟑螂尾须上的丝状小毛却已经感觉到了。

目前，科学家们正在模仿蟑螂的尾须，研制一种新颖的地震仪。

事实表明，在地震发生的前夕，"得风气之先"的不光是蟑螂。1975年2月4日，我国辽宁的营口、海城一带发生了7.3级强烈地震。从前一年的12月底开始，冬眠的蛇便出洞了。出洞后，绝大部分的蛇立即被冻僵、冻死。有的蛇已出洞的部分冻僵了，却仍在继续往外爬。地震之前，狗拒绝进食，嚎叫狂吠，发出悲哀的声音，像是发现了什么似的对天乱吠，甚至乱咬主人。地震前，河里的鱼成群结队地泛起，翻腾跳跃，跃出水面。马、牛、羊、猪也不肯吃食，惊慌不安。鸟类也处于极度恐惧之中：鸡会惊恐鸣叫，高飞上树；鹅会狂叫不已，甚至像"天鹅"一样高飞起来；即使是夜深人静时，鸽子也会从窝中飞出去，直至震后一两天才纷纷归来。

为什么这些动物在地震前会出现反常现象呢？经过分析和研究，科研人员认为，这是因为这些动物的某些器官比较敏感，能感觉到地震将要发生的一些征兆，如轻微的震动以及大地电磁波的变化等。例如，狗、猫和兔子有灵敏的听觉，在它们的腿部、趾部以及腹部某些部位，有大量能感受机械振动的小体；在鸟类的腿部和翅膀上，也有这类能感觉机械振动的小体；而鱼类的耳石和侧线，则

鱼类的耳石对水中的振动很敏感。

对水中的振动很敏感。此外　鱼的反常行为可能与地震前水质的变化，如变甜、变咸、变苦、变浑等有关，而正在冬眠的蛇提前出洞，又可能和地震前地面温度升高有关。

奇怪的波

在平静的水面上，向水中投进一块石子，一阵阵波纹便会从石子坠落的地方向四面八方扩散开去。

在池塘和河湾里生活着一种黑色的小甲虫，叫豉虫，它有捕捉表面水波的特殊本领。豉虫好像有四只眼睛，两只看水中，两只注视着天空。其实，它只有两只眼睛，只不过每一只都分成水上和水下两部分罢了。然而，工程师们对它的眼睛并不怎么感兴趣，这是因为在夜幕的笼罩下，它也能像白天那样轻快地在水面上滑来滑去，仿佛在溜冰似的。即使将它的眼睛破坏了，豉虫的活动也没什么明显变化。可是，如果将它的触角切除，它就会像无头苍蝇那样，在水面上乱碰乱撞。看来，问题关键是在它的触角上了。果然，豉虫的触角是与众不同的，当它在水面上兜圈子时，触角就位于水和空气的交界处，根据水的表面波，发现水面上的物体，了解周围的情况。设计师们对豉虫的触角产生了浓厚的兴趣，要知道，到目前为止，我们还没有类似的定位仪器呢。

我们的四周是一个电波的海洋。在碧波粼粼的河水中，在波涛汹涌的大海里，到处是电波的踪影。古埃及人很崇拜一种鱼，它能发现眼睛看不到的东西，因为头部的外貌如象，所以叫水象。水象天生就有这种神奇的本领，是由于它有天然的"雷达"。它的尾部能向四周发射电波，当背鳍的基部接收到从周围物体反射回来的电波时，水象便掌

豉虫的触角是精密的定位仪器。

握了周围的情况。裸背鳗也是一种很奇怪的鱼，它好像不大相信自己的眼睛，在钻进河底的洞穴前，总是先将尾部钻进去，探索一番，然后再将整个身子钻进洞去。原来，它的尾部也有类似于水象那样的"雷达"。凶恶的鲨鱼虽然不能主动发射雷达波，但它身上却有几百个"电感受器"，能感受周围物体的电场。浸在海水里的人体所造成的微弱电场，鲨鱼在几十米外就能发现了。

　　鱼类的"雷达"和"电感受器"，可以为我们解决水下通信难题提供有益的启示。例如，倘若研制成功检测电场变化的技术装置，就有可能根据电场变化来发现水中的潜艇和其他目标。

奇妙的生物通信

何谓生物通信？俗话说，"禽有禽言，兽有兽语"。动物之间也有一定的联系方式，这就是生物通信。不可思议的是，动物能以人类没有的巧妙方式，互相交流寻觅食物、逃避敌害、选择配偶等信息。对于动物来说，这些信息是必不可少的。

动物有哪些通信方式呢？它们有哪些"语言"呢？研究表明，各种动物都有自己的"语言"。秋虫唧唧、鱼儿欢唱、百鸟啼鸣、虎啸狮吼，这是动物的声音"语言"。此外，动物还有许多无声的"语言"，美妙的舞姿、绚丽的色彩、芬芳的气味、闪烁的"灯"光，都成了它们通风报信的手段。

在动物世界中，谁是能说会道的"语言"大师呢？也许有人以为在声音"语言"的表达上，称王称霸的非哺乳动物莫属。实际情况却并非如此。动物学家研究了从青蛙到狼共 500 多种两栖动物、鸟类和哺乳动物的声音"语言"后发现，在"语言"的复杂性和多样性方面，首屈一指的并不是哺乳动物，而是鸟类。在鸟类中最会"说话"的要数鹦鹉、乌鸦和寒鸦了，它们的"语言"中包含了 300 个词汇。

在五花八门的动物"语言"中，科学家最感兴趣、最青睐的是哪一种呢？应该说，科学家研究得最多、最投入的，是一些动物特别是昆虫的气味"语言"，也称为"化学语言"。动物向体外散发各种独特的有味化学物质——信息素，以此来标明地址、鉴别敌我、引诱异性、寻觅配偶、发出警报或集合群体。各种信息素的发现、分离、提取以及人工合成，不仅揭示了动物行为的奥秘，也为人类控制和利用那些动物提供了有效的手段。

提琴大师

春天是个桃红柳绿的季节，大自然生意盎然，昆虫"音乐会"就在这个时节揭开了序幕。

一个个昆虫"音乐家"登上了演奏舞台。油葫芦用圆润的音调、清脆的乐声，表达自己啮食植物的欢乐之情；金钟儿用"铃铃铃、铃铃铃"的旋律，奏出轻快的乐曲；蟋蟀像初学者一样在练琴，用"唧唧唧唧、安唧唧唧"的四音节，不知疲倦地反复练习着。

昆虫是地球上比较早出现的天然音乐家，至今已有3.54亿年的历史，比动物歌唱家鸟类要早2亿多年。它们有的在草丛中、树枝上，有的在田间、地底下，组成了一支庞大无比的交响乐团。

蝉是最出色的昆虫演奏家，它的声音特别嘹亮。南美洲和亚洲的印度有一种蝉，其鸣叫声可与火车的汽笛相媲美。这种昆虫还会根据季节变化，轮流使用各种相应的曲调。春蝉常在嫩绿的树林中，弹奏轻快、柔和的调子；初夏，一种叫蟪蛄的蝉，会用不紧不慢的"吱——吱吱"的鸣声，告诉人们春去夏已来；紧接着，高歌枝头的蚱蝉"粉墨登场"了，它声嘶力竭地歌唱盛夏的酷热："炎斯脱，炎斯脱"，好像在叫喊"天

蝉是出色的昆虫演奏家。图片作者：Bruce Marlin

热了，天热了"；秋天将至，寒蝉出来了，"伏了，伏了"地叫个不停，用如泣如诉的声音向人们报告："伏天完了，伏天完了。"

相比之下，蝗虫的音调就简单多了：雏蝗发出"吱吱"声，飞蝗发出"扎扎"声，凄凄蝗发出"凄凄"声，痂蝗发出"沙啦"声。

昆虫学家们用现代电子仪器，对昆虫的鸣声作了研究。他们发现，当环境温度发生变化时，昆虫的鸣声也会随之改变。有人观察到：金钟儿在15秒内组成鸣声的节拍数，加上40度便可得到当时华氏表显示的温度数。为此，人们就把金钟儿称为报温虫。有的科学家将蝉鸣声的变化跟气温变化的关系，绘制成相对曲线。他们发现，天气要变热了，蝉的叫声就会变响；天气越热，蝉叫得越响。人们可以根据当天蝉的叫声，预测第二天气温的变化，以此作为气温预报的一种补充方法。我们知道，人类之所以能发音，是由于空气通过咽喉部的声带引起振动。昆虫是没有声带的，它们的声音从何而来呢？原来，许多昆虫都有自己得心应手的乐器——"提琴"，为此它们被称为"提琴大师"。就拿蟋蟀来说吧，它们的"提琴"就在复翅上。蟋蟀的右翅基部有一个类似于锯条的音锉，上面整齐地排列着150多个三角形的齿，它的作用就象提琴的弓。蟋蟀左翅的边缘，有一个可以刮击的利器，它具有琴弦的功能。蟋蟀在演奏时，复翅举起，向两侧张开，然后迅速闭合，使右翅的"弓"不断摩擦左翅的"琴弦"，发出声响，就像是右手使弓者。于是，有人便把蟋蟀称为"右手演奏家"。能歌善鸣的螽蟖与蟋蟀正好相反，它的"弓"是长在左翅上的，因而它荣获了"左手演奏家"的称号。

最不雅观的演奏家大概要算蝗虫了。它的"提琴"的"弓"虽然长在复翅上，但"琴弦"却生在右腿的内侧。因此，蝗虫在演奏时，必须频频举起后

蝗虫要靠右腿进行"演奏"。图片作者：ChriKo

腿，以便靠近复翅上的"弓"。如果哪位琴师在舞台上快速摆动着自己的腿进行演奏，岂不是要引起观众的哄堂大笑？

当然，并不是所有的鸣虫都称得上"提琴大师"的。例如，蝉就没有"提琴"，而只有"手风琴"。蝉的腹部两侧各有一片富有弹性的薄膜，叫做声鼓。随着腹部声肌的收缩和松弛，声鼓便往里陷下或向外突出，从而产生声音。声鼓外面有一块起保护作用的盖板，盖板和声鼓之间有一个空腔，可以起到共鸣器的作用，使蝉发出的声音更加响亮。

喧闹的虾兵蟹将

虾和蟹是人们的美味佳肴。这些餐桌上的横行将军、红袍元帅，也会发出喧闹之声吗？答案是肯定的。我们不妨先从发生在第二次世界大战中的一件事谈起吧。

1943 年，德国海军部队为了封锁海上交通，破坏美英的军舰和运输舰队，在重要航道秘密布下了一件新式武器——声响水雷。他们原以为，只要美英军舰一靠近声响水雷，军舰的马达响声就会引起水雷爆炸，把军舰击沉。然而出乎意料的是，声响水雷一个接一个地爆炸，可是一艘军舰也没有被击沉。这究竟是怎么一回事呢？德国军事专家派人到实地作了一番调查，发现声响水雷既没有失灵，也没有被美英的海军扫雷艇排除，却全部被引爆了。进一步的研究表明，这是大海中的一批小动物——海虾在作怪。

海虾的个子很小，发出的声音却很大，它的头部有管咀嚼的大颚，能

海虾个头虽小，却能发出很大的声音。

发出"轧轧"声；有管感觉的触角，触角基部的振动膜能发出"哒哒"声；此外，它那一对强大有力的大螯钳，还能发出敲鼓似的"咚咚"声。这些声响就是海虾的声音语言。一旦成千上万只海虾聚集在一起，一边取食，一边交谈，它们发出的声音便十分响亮。灵敏度很高的水雷，就是被这种声音引爆的。

蟹能通过摩擦发声。图片作者：Brocken Inaglory

蟹也有自己的语言。动物学家托尔斯托加诺娃用高灵敏度录音机，录下了草蟹、五角毛蟹和堪察加蟹吃东西时发出的声音，结果发现，它们发出的声音各不相同：草蟹发出"轧轧轧轧"声，五角毛蟹发出"噼啪噼啪"声，堪察加蟹发出的声音宛如人们咬牙的声音。

这些声音的含义是什么呢？法国巴黎博物馆动物实验室的科学家，用实验揭开了其中的秘密。他们在一个水池的几处石头缝隙里，分别饲养了五只蟹。开始时，它们互不往来，水池里静寂无声。科学家把蟹最爱吃的一条死鱼扔给其中的一只蟹，它狼吞虎咽地大嚼起来，发出"咯——吱——吱，咯——吱——吱"的叫声。其余四只蟹听到声音后，马上变得活跃起来。它们迫不及待地爬了过来，似乎想分一点鱼尝尝。显然，蟹在吃东西时发出的声音，是在向伙伴们发出邀请："来吧，这儿有美味佳肴。"正因为这种吃食时的叫声能招引同伴，所以海洋中食饵丰富的地方常有许多蟹聚在一起边吃边叫，汇成了喧闹的海蟹大合唱。

有些海蟹除了吃东西时的邀请外，还能发出30多种不同的声音，这些声音的含义是不一样的。仅仅是海蟹之间的争吵，就有程度不同的几种吵法：起初，它们发出"咯咯"声，这是比较轻的争吵；如果继续吵下去，各不相让，"咯咯"声就会变成响亮的"呷呷"声，这里包含恫吓和挑战的意味。倘若两只蟹都"呷呷"不休，一场恶斗便不可避免了。

那么，海蟹的发声器官在哪里呢？海蟹的头部有发达的螯钳和口器，它们正是通过摩擦螯钳和口器来发声的。

鱼类音乐会

你欣赏过鱼类音乐会上那些美妙的乐曲吗？如果你有兴趣的话，不妨在海洋里放上一个水听器，把喇叭接到岸上来，这时你将会听到各种有趣的水下乐声。

"叽叽"、"叽叽"，是什么鸟在歌唱？不，这是小青鱼成群游过的吵闹声；

"咚咚"、"咚咚"，是谁在敲打小鼓？原来，这是驼背鳟在寻找伙伴；

"呼噜"、"呼噜"，这不是熟睡的人在打鼾，而是刺鲀鱼发出的声音；

"哗啦"、"哗啦"，这不是惊涛在拍击海岸，而是沙丁鱼在叫喊；

小黄鱼一张嘴"说话"，犹如青蛙在"呱呱"叫；

小鲶鱼游来，酷似蜜蜂"嗡嗡"飞；

海鸡像陆上的大公鸡那样，伸长脖子"喔喔"啼；

鲷鱼发出的声音——"轧轧"、"咯咯"，有点像人睡着以后的磨牙声；

黄鲫鱼和鲳鱼的声音——"沙沙"、"沙沙"，宛如秋风扫落叶；

沙丁鱼通常成群行动，非常壮观。

比目鱼的声音变化多端，时而响若洪钟，时而脆似银铃，时而像大风琴雄浑的独奏，时而又像竖琴和谐的齐奏。

人们发现，在不同的情况下，同一种鱼也会发出不同的声音。例如，大黄鱼在产卵前发出"沙沙"或"吱吱"声，产卵时发出"呜呜"或"哼哼"声，排卵后则发出"咯咯"声，犹如雨后蛙鸣。又如，洄游的鱼群抵达目的地以后的欢叫声，也与平时不一样。

在黑暗的水下世界，鱼类不仅用声音联络异性、繁殖后代，而且用声音互相招呼、互相帮助、共享美餐、躲避敌害。例如，鲳鱼发现可口的食物后，会用声音邀请同伙来分享。海鲫鱼在遇到凶猛的鱼类时，会发出一种响亮的"当当"声，常使对方一时不知所措，不敢轻举妄动，这时海鲫鱼便能趁机溜走。真鲹鱼在遇到敌害袭击或追捕的时候，会发出"咕咕咕"的叫声，给同伴们通风报信，让它们赶紧躲避。

鱼类是怎样发声的呢？起初，有人认为，它们跟人类一样，是靠喉咙里的声带振动发声的。研究结果表明，绝大多数鱼类并没有专门的发音器官，它们是用体内的其他器官来发声的。

在鱼的消化道背面，有一个充满气体的囊，这就是鱼鳔。鱼鳔除了用来调节鱼在水中的比重，控制鱼在水中沉浮以外，还能发出声音。在鱼鳔的周围有一些肌肉，每当这些肌肉收缩的时候，鱼鳔就会产生振动，发出声响。大黄鱼、小黄鱼、鲷鱼和鲶鱼等许多鱼，都是用鱼鳔来发声的。有人曾做过一个有趣的实验：把鱼鳔内的气体放出，或将鳔完全割掉，这时鱼便不再发声了；如果给它换上人造的富有弹性的橡皮鳔，鱼便开始继续欢叫。鱼鳔的构造不是千篇一律的：有的像心脏，有的内部有间隔或凸出部分，有的却空无一物。因此，它们发出的声音各不相同。此外，鱼鳔振动的方式也与发出的声音有关。淡水鼓鱼的鱼鳔两侧各有一条肌肉，肌肉收缩时会产生鼓点似的声音。

鱼还能利用其他部位发声。翻车鱼发出的是喷水时咬牙齿的声音，杜父鱼以一部分鳃盖摩擦发声，也有的鱼是用背鳍、胸鳍和臀鳍摩擦发声的。

翻车鱼能发出咬牙齿那样的声音。

蛙类大合唱

在春季或是夏日的傍晚，人们在池塘边常会听到清脆响亮的蛙鸣声："呱呱呱"、"咽咽咽"。

蛙类是怎么发声的呢？这类动物已经有了专门的发音器官——声带。声带位于蛙类喉门的软骨上面。雄蛙的口角两边还有一对能鼓起来振动的外声囊。声囊可产生共鸣，使雄蛙的叫声更加嘹亮。但是，有的蛙并没有声囊。不管有没有声囊，这类动物还能振动体壁发出另一种声音。青蛙发出这种声音的时候，你把它抓起来贴近耳朵，就可以听到一种嗡嗡声。

在繁殖季节，蛙类频频鸣叫，鸣声也格外洪亮。动物学家认为，这是雄蛙吸引雌蛙的信号。1958年，美国科学家在野外播放雄蛙和雄蟾蜍的录音，结果雌蛙和雌蟾蜍闻声赶来了。

然而，蛙类的鸣声是各不相同的。有些蛙鸣声相当刺耳，另一些蛙鸣声却十分动听。例如南美有一种雨蛙，它的颤音就非常动人，有时还能模仿小猫的叫声，使许多动物学家赞叹不绝。东南亚地区有一种能爬竹子的竹蛙，雨过天晴时，它们居然能在树上像小鸟那样歌唱。还有一种花蛙，它发出的声音有时像大风中飘动的旗帜那样"哗啦啦"响，有时又宛如射箭时的"嗖嗖"声。身体巨大的牛蛙，因为发出的声音像牛叫而得名。中美洲有一种"哨子蛙"，能发出一种吹哨子似的声音，非常悦耳。在我国四川峨眉山上，生活着一种"弹琴蛙"，它的鸣声就像动听的乐声。有趣的是，这种蛙有自己特殊的共鸣箱，这个共鸣箱是用泥巴在水草间构筑而成，上方有一个圆形小洞，蛙在里面鸣叫便会发出悦

牛蛙身体巨大，叫声响亮。图片作者：Cornellier

耳的琴声。

雄蛙的鸣声常会得到雄蛙的呼应。在池塘边，这种雄蛙的此呼彼应，便汇成了蛙类的大合唱。大合唱时通常由一只老蛙充当领唱者，这种大合唱一旦揭开序幕，就会延续很长一段时间。由于雄蛙合唱比独唱响亮，能传得更远，因而能吸引更多的雌蛙。

无弦之音

鳄也有自己的声音语言。纽约自然博物馆的研究员养过四条鳄。有一次，人们发现，只要在离鳄不太远的地方用力敲击钢轨，鳄就会发疯似地狂叫。它们纷纷把头伸出水面，憋住气，然后收缩肚子，从喉咙深处发出很响的声音。后来人们才知道，有的钢轨被敲击后发出的声响，竟和鳄的吼叫声十分相像，于是它们便应声吼叫起来。

使人感到奇怪的是，鸣声响亮的鳄喉管里竟没有发声的声带。那么，它们是怎样发出鸣叫声的呢？原来，在鳄的口腔和咽部之间有口盖膜，口盖膜和咽膜上下相连，形成一层鳄帆，鳄帆把口腔和咽膜隔开了。呼吸时，在气流的冲击下，鳄帆发生振动，就发出了声音。

我国珍贵动物扬子鳄的鸣叫声，宛如擂响的战鼓。经过长时间的观察和研究，人们已经掌握了这种动物的鸣叫声的含义。

"哄……哄……"

山雨欲来鳄先吼。这种单调的吼叫声，常常是在天气闷热、风雨将至时扬子鳄发出的。鳄乡的农民常把它当作

鳄鱼能发出响亮的声音。
图片作者：MartinRe at the English language Wikipedia

气象预报，一听到扬子鳄的这种叫声，就知道风雨要来，马上收起屋外的衣服、场上的稻谷。

"呼……呼呼……"

这是扬子鳄受到威胁时发出的一种怒吼声，很像汽车抛锚后再次发动时突然爆发的一连串呼噜声。扬子鳄常以此吓唬敌人。

"吐……吐！吐！哄……哄……"

这种叫声，开始时犹如连发的机枪声。接着，又好像在扫了一阵机枪后，放了两发炮弹。这是扬子鳄繁殖后期，雄鳄向雌鳄求爱时，雌鳄发出的拒绝求偶的鸣叫声。

"哇……"

这是扬子鳄在非常危险的时候，如被捕捉或伤害时发出的惊叫声。听起来，有点像害怕打针的婴儿突然发出的叫声。

"呼……"　"哄……"

雌雄扬子鳄分居两地。在繁殖期间，一方发声"呼"，另一方应声"哄"，以便雌雄相会。这种叫声大多出现在日落后和日出前。

有人发现，在养育后代时，鳄的声音语言也很丰富。雌鳄常把卵产在河岸边的沙滩里。在温暖的阳光照耀下，小鳄快要出世了。这时，它会在蛋壳中大声叫喊，很像人们的打嗝声。这是小鳄在呼唤自己的父母，似乎是说"快来呀，我要出壳了！"听到小鳄的叫声，雌鳄和雄鳄便会马上爬过来，轻轻地扒开沙土，小心翼翼地把鳄蛋一个一个地叼出来。此刻，蛋壳中的小鳄不再尖叫，而是发出软绵绵的"吱吱"声。雌鳄和雄鳄把鳄蛋放在水里，压一下，蛋壳破了，小鳄就来到了水的世界。它们一出世，就是游泳能手。

即将孵化的小鳄鱼会与父母隔着蛋壳交流。
图片作者：Kevin Walsh from Oxford，England

幼鳄是集体行动的，它们经常用叫声和父母联系。一旦出现危险，小鳄便发出刺耳的呼救声，同时迅速躲进草丛，而一旁的父母赶紧挺身而出，保护自己的孩子。

鸟类音乐家

"春眠不觉晓，处处闻啼鸟"。春暖花开了，人们到郊外去踏青，聆听着百鸟欢唱，陶醉于大自然美妙的音乐声中，该是何等的心旷神怡。

在鸟类王国中，有很多出类拔萃的"音乐家"。云雀的歌声优美嘹亮，它往往从地面飞到天空，边飞边鸣，直至隐没在云雾之中，因而又有"告天鸟"之称。丹顶鹤的歌声，高亢而响亮。它的气管很长，在胸上部弯曲着，好像喇叭一样，所以鸣声很大。《诗经》赞美说："鹤鸣九皋，声闻于天。"显然，古人是称颂丹顶鹤在云霄中飞翔时发出的清脆鸣声。

号称"金衣公主"的黄鹂，以善于歌唱著称于动物界。它全身披着金黄色的外衣，在晨光中金光闪烁。黄鹂的歌声圆润流畅，音节变化多端，富有韵律。杜鹃既是歌手，又是春天的使者。它又叫布谷鸟，分为好多种，如大杜鹃、中杜鹃、小杜鹃、四声杜鹃和棕腹杜鹃等。它们的外貌虽然相差无几，可是鸣声却大不相同：大杜鹃"播谷、揩谷"地叫个不停，四声杜鹃催着人们"快快播谷，快快播谷"，而小杜鹃的歌声好像是"有钱打酒喝喝"，棕腹杜鹃的鸣声则像女孩子的问声"找谁，找谁"。

臀部白色的长尾鸟，是世界有名的鸟类"歌唱家"。它们的鸣声气势磅礴，动人心弦，犹如一支大型交响乐队在演奏。有趣的是，长尾鸟往往一边

黄鹂身披金色羽毛，善于歌唱。

鹦鹉是出了名的学舌高手。图片作者：Riza Nugraha

兴高采烈地歌唱，一边出神地摆弄着长尾巴，颇有点自鸣得意的样子。

除此之外，不少鸟都有自己独特的演唱风格。柳莺声调激昂洪亮；紫燕像是喃喃细语；画眉的鸣声清脆动人，悠扬婉转。

更为奇特的是，有些鸟不仅有自己独特的歌声，还能模仿其他鸟的鸣声。鸟类"歌唱家"百灵鸟，就能模仿其他鸟的鸣声以及猫叫、婴儿啼哭等声音。美国的拟物鸟自己有奇妙的歌声，还掌握了雄鹰的嘶叫声、夜莺的鸣声、家禽的咯咯声，以及猫叫声、狗吠声、锯木的噪声和铁锤的叮当声等，学得惟妙惟肖，十分逼真，真不愧为全能的"口技演员"。巧嘴学舌的鹦鹉就更有趣了，它会模仿人的说话声。所以，在动物园装有鹦鹉的笼子外面，常常围满了游人。孩子们对着鸟笼喊："你好！"这时，笼中的鹦鹉便清楚地回答："你好！"逗得孩子们嬉笑不停。

为什么鸟类会歌唱呢？因为鸟的喉部有一根较长的气管，上达咽喉，下部分为左右两支气管，分别通入左右肺内。鸟类是没有声带的，它们特有的发声器官——鸣管，就在两支气管分叉的地方。鸣管内有弹性薄膜——声膜，鸣声就是由肺里吹出的气流振动声膜而产生的。鸵鸟和兀鹰的鸣管很简单，所以很少发声。鹑鸡虽有完整的鸣管，但缺少使声膜振动的肌肉——鸣肌，不能自如地调节声膜的振动，因而也很少鸣叫。有些鸟能鸣叫，可是声音单调，这是因为它们只有两三对鸣肌。善于歌唱的鸟类不仅有完善的鸣管，而且鸣肌发达，一般都有四五对，能较好地调节声膜的振动，从而发出各种优美悦耳的鸣声。

鸟类的歌唱本领不是天生的，而是后天学来的。英国科学家华莱士把人工孵化的云雀隔离起来，尽管自然界的云雀是出色的"歌唱家"，与世隔绝的云雀却不会唱优美的歌了。近年来，美国洛克菲勒大学的研究人员费尔南多·诺特波姆对金丝雀和其他雀类作了研究。他发现，鸟类是用大脑左半球来控制歌唱的，就像人类用大脑左半球控制语言一样。诺特波姆还发现，一旦鸟类的大脑左半球受到损伤，大脑右半球就会接管左半球的工作。

鸟类"歌唱家"们究竟在唱些什么呢？它们是在传递什么信息呢？现在，许多国家都建立了专门的磁带库，用来放置录有动物声音的磁带。如英国广播公司的磁带目录中有400多种鸟声，彼得堡大学一共有80种鸟的700

母鸡不同的声音代表不同的含义，小鸡们会随之做出反应。
图片作者：HerbertT

种声音信号的录音。苏联的一位鸟类学家，还专门编了一本《鸟语辞典》。只要查一查《鸟语辞典》，就可知道这些鸟在唱些什么、鸣声代表什么意思了。在众多的鸟类中，最饶舌的要数八哥、乌鸦和寒鸦，它们各有300个"词汇"，堪称能说会道。

研究表明，鸟类并不是为人类而演唱的。雄鸟大多用悦耳的歌唱，向异性发出"请到这里来"的邀请，这时它们唱的是情歌。当然，鸟类的鸣声还有其他含义，如告诫其他鸟："这是我的领土，切勿入内"等。

母鸡的语汇也是很丰富的。母鸡惊叫时就有好几种不同的声音，有的表示老鹰空袭，有的警告猛兽来犯。小鸡会根据母鸡发出的不同声音作出反应：遇前者，往妈妈的翅膀下一钻；遇后者，则四散奔逃，寻隙躲藏。有时，母鸡会发出"咯咯"的叫声，不紧不慢，这表示"妈妈就在你们身边"。小鸡听到这充满母爱的声音后，即使天塌下来也不怕了。母鸡通知小鸡吃食的声音也有几种。例如，有的表示"我找到吃的了"，有的则表示"这里有美味佳肴"。

世界语和地方语

不论是在中文里，还是在英文、俄文和拉丁文中，布谷鸟都少不了一个"谷"

各大洲的布谷鸟都能发出类似的声音。
图片作者：JJ Harrison

的声音。这是因为各大洲的布谷鸟有着共同的世界语，而布谷鸟正是根据叫声得名的。

有些鸟类的语言，不仅本家族的成员十分熟悉，其他鸟类也能心领神会。在坎达拉克岛的禁猎区里，生活着各种各样的鸟。但只要有一只鹬鹊发出报警声，附近几乎所有的鸟如海鸠、银鸥、鸭和翻石鹬等，都会设法躲避和逃走。这是什么原因呢？生物学博士伊利切夫分析和研究了草原鹰、家鸦、山雀等15种鸟类的呼救声，发现它们的结构十分相像：这是一种短促的呼号，一声接着一声，间隔很短。于是，它们便能互通信息了。

有时候，鸟类还能为其他动物提供紧急情报。例如，当猎人走进森林时，喜鹊居高临下，叽叽喳喳地发出了警报，野鹿、野猪等走兽顿时便明白了：此地危险！于是它们不约而同地四处逃窜。

当然，同一种鸟有相通的语言，这只是相对而言的。据研究，各大洲的麻雀的语言就不尽相同。换句话说，鸟类也有自己的地方语。

美国宾夕法尼亚州立大学的佛林斯博士在这方面作了深入的研究。他用高度逼真的录音磁带，录下了宾夕法尼亚地区乌鸦在落入猛禽爪下时发出的警报声，当地的乌鸦一听到这种声音便迅速飞离了。这位鸟类学家又录制了乌鸦的集合信号，它能把周围的乌鸦召集到一起。可是法国的乌鸦对佛林斯录制的警告声一窍不通，它们不仅不远离危险地点，反而聚集到一起来了。看来，法国乌鸦是听不懂宾夕法尼亚乌鸦的地方语的。

佛林斯又研究了海鸥。他把美国海鸥的惊叫声录了下来，播放给法国海鸥听，谁知它们竟然也置若罔闻，不加理睬。显然法国海鸥也听不懂美国海鸥的地方语。

有些鸟类每年在一定的季节会漂洋过海，长途迁徙，随着气候的变化变换生活的地区，人们把它们称作候鸟。另一些鸟类从小到老总是生活在一个固定的地方，这就是留鸟。佛林斯发现，大多数留鸟都听不懂异乡鸟的地方语，而一些候鸟却能听懂异地同类鸟的方言。

这是为什么呢？要知道，对于生活在一定地区的某一种鸟来说，什么样的叫声代表什么信号，表达什么意思，是它们在长期生活中共

迁徙的候鸟能够学会"外语"。图片作者：Mdk572

同形成的。一种鸟语往往只在一个地区流行，而不同于别的地区同种鸟的语言。留鸟终生定居在一地，自然就听不懂异乡的鸟语声。

候鸟就不同了，它们四海为家，见多识广，有机会和异地的鸟类交谈，通过学习就能听懂对方的语言。美国缅因州的乌鸦能听懂北欧乌鸦的语言，这倒不是因为那儿的乌鸦特别聪明，而是因为它们有时会飞到北欧。在北欧，它们生活在当地乌鸦群中，经过一段时间，便能通晓北欧乌鸦的语言了。

猿啼之谜

在猿猴世界中，也不乏出色的歌唱家。

美国科学家在东南亚密林中，对长臂猿进行过长期的研究。它的前臂特别长，所以叫它长臂猿。在所有的猿猴中，长臂猿是最机灵的。科学家发现，这是世界上唯一能够以清楚的嗓音发声的动物，它的叫声复杂多变，有时简直像鸟鸣一样悦耳动听。

长臂猿歌唱的时间很有规律。每天清晨，太阳还没露脸，它们就开始放声歌唱；"早餐"之后，大约8点多钟，是它们第二次歌唱的时候。歌唱的持续时间长短不一，从几分钟到几小时都有，平均为一刻钟左右。歌声的大小，要看周围的邻居——另一群长臂猿离这里有多远；邻居越远，歌声越响亮。显然，

黑猩猩能发出 32 种声音。图片作者：Aaron Logan

长臂猿的这种歌声是为邻居们唱的，这是在告诉四周的邻居："这儿是我们的家园，不准前来侵犯。"

英国女科学家古道尔在非洲热带丛林，对野生黑猩猩进行了长达十几年的考察研究。她和黑猩猩交上了朋友，发现它们大约会发出 32 种不同的声音。音调较低的"呼呼"声，是伙伴们在彼此寒暄和问候；一连串低音调的"哼哼"声，是它们在吃到美味食品时发出的。古道尔多次发现，找到好吃的东西以后，它们便吵吵嚷嚷，向前走去。大的叫喊着、吆喝着，小的高兴地哼哼着。一只黑猩猩见到树上成熟的果子，会发出大声的噪叫，召唤同伴们："大家快来呀，这里有吃的啦！"每只黑猩猩的叫声都不一样，因此别的黑猩猩只要听到叫声，就知道这是谁在说话。

如果黑猩猩发出拖长而响亮的"乌拉"声，那就表明它见到了猛兽或其他吓人的东西。当初古道尔到禁猎区时，黑猩猩在近处见到她，也发出这种声音。这喊声使人毛骨悚然，就像大难临头时高喊救命一样。

猴子的语言也十分有趣。我国珍贵动物金丝猴栖息的地方，重峦叠嶂，郁郁葱葱，树冠绿荫如盖，林间藤蔓牵连。进山的人有时会突然听到一阵阵"呼哈——呼哈"的怪叫声，此起彼伏，响声不绝。接着，树林里便骚动起来。这是怎么回事呢？原来是站岗放哨的金丝猴发现了敌情，在向同伴们发出警告："有危险，赶快离开！"顷刻间，金丝猴便一个个施展出腾云驾雾的本领，在树梢上飞一般地跳跃，向四处逃散了。金丝猴毕竟是合群性很强的动物。时隔不久，在前面不远的山头上，便响起了"喔——喔喔"的叫声，刚跑散的金丝猴又重整旗鼓、拉起队伍来了。

每群金丝猴，都有一只威风凛凛的"美猴王"，它体格健壮，行动特别敏捷。每到一处，美猴王都要召集一些猴子来到跟前，"吱吱呀呀"地交代吩咐一番，命令它们登上树冠，瞭望四周，一起充当"哨兵"。只要美猴王一叫，其他的猴子也跟着叫，此呼彼应，响成一片。

"哎咿——哎咿！"音调和缓，这是美猴王通知猴群可以"开饭了"。这时，猴群显得异常活跃，纷纷采摘野果和嫩芽，啃食起来。

　　"郭——郭，郭——郭！"心神不安的金丝猴发出一阵阵类似鸡叫的啼鸣声。当地的猎人说，金丝猴是富有经验的"天气预报员"，大雨来临之前 6～12 小时，它们都会发出这种声音。可是，金丝猴为什么对大雨的反应这么灵敏，至今还是个谜。

吼猴能发出震天动地的声音。
图片作者：Steve from Washington，DC，USA

　　在美洲热带丛林中，也有一种令人感兴趣的猴子，它的叫声像狮吼，震天动地，远在 1.5 千米之外就可听到，因而被人们称为吼猴。吼猴常成群栖息在树林中。每当饱食之后，它们就养精蓄锐，准备举行别具一格的音乐会。这时，它们独唱、对唱、轮唱、齐唱……演唱的风格千篇一律：从头到尾都是声嘶力竭的吼叫。如果遇到暴风雨来临，它们的演唱劲头更大，吼叫得更加厉害。那疯狂的吼叫声，和着风声、雨声以及大森林的回声，组成了一首"恐怖交响乐"。

　　这种动物大多是分族生活的，各有自己的势力范围。万一两个家族的吼猴遇上了，它们便不约而同地拉开吼声战的序幕，树林中顿时响起了震耳欲聋的恐怖交响乐。实际上，双方都在用吼声发出警告：不准越过边界。当然，对于分散活动的吼猴来说，这一声声的吼叫，无疑也是它们互相联络的信号。

　　有人把吼猴捕来喂养。谁知这失去自由的吼猴，整天闷闷不乐，就此变成了"哑猴"，再也发不出恐怖的吼声了。

奇妙的海豚语言

　　海豚很聪明，它们的语言也格外丰富。

海豚会用自己的语言和同伴交流。

图片作者：sheilapic76

1962 年，有位科学家记录了一群海豚遇到障碍物后的情景：一艘科学考察船停泊在海湾中，工作人员在海中设置了一排系在船缆上的铝杆，于是这里出现了一道海上栅栏。一群海豚游了过来，早在几千米之外，它们已发现了这一新情况。一头海豚先游到栅栏前，作了一番仔细的侦察，然后它回到海豚群中，向大伙汇报了侦察的结果。接着，海豚们开始用一种刺耳的"吱吱叽叽"声进行讨论。有一头海豚似乎还不大放心，又游上前去，察看了一下。半小时后，意见统一了，铝栅栏中没有危险，于是它们穿游了过去。

在海豚的日常生活中，语言是很重要的。日本东京大学海洋生物研究所的松井教授发现，海豚会使用 7 种不同的声音进行谈话。这 7 种声音，加上发音的长短和间隔，可以组成许多不同的词汇。有一头海豚在和自己的孩子互相呼唤时，呼唤声竟多达 800 多种。据推测，这大多是大海豚发出的各种命令。

有人把一种巨头海豚和其他种类体型较小的海豚饲养在同一水池里。一旦水位降低，巨头海豚就会搁浅，发出一种很特别的"吱吱"声。小池里的小海豚一听到这种"吱吱"声就赶来了，想方设法帮助巨头海豚摆脱困境。显然，这种"吱吱"声正是海豚的求救信号。令人惊讶的是，海豚竟能模仿人类的声音，而且模仿得很准确。要知道，在很长一段时间里，人们一直以为只有极少数鸟类才具有学舌的本领。

在佛罗里达海洋水族馆里，有一头模仿能力很强的海豚。驯兽员的妻子常到水族馆来，她觉得海豚很好玩，因而经常笑它。谁知过了一段时间，那头海豚一见到这个女人便哈哈大笑起来，把她惊得目瞪口呆。

美国科学家利里博士从 1955 年开始进行一项轰动世界的教育——训练海豚讲英语。他认为，海豚具有非凡的智慧，又有一个可以模仿各种声音的大鼻子，完全可以学会说一些简单的英语。

利里博士在一头叫埃尔维的海豚身上做试验。三年以后，这头海豚已经能模仿人的声调和口音。埃尔维模仿利里的声音是如此惟妙惟肖，以致周围的人都禁不住大笑起来。这时，它也跟着笑了起来。一位女教师鼓励它："再多些，埃尔维！"话音刚落，这头海豚竟用小鸭子那样的高音重复着这句话："再多些，埃尔维！"

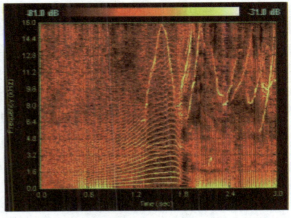

海豚的声谱图。图片作者：Spyrogumas

当埃尔维学会了用清晰的声音数数以后，更奇怪的事情发生了：埃尔维和另一头不会数数的海豚在一起玩了几分钟，那头海豚竟也学会了数数！

这究竟是怎么回事呢？海豚是怎样把自己学到的知识迅速传授给同伴的呢？它们是借助什么秘密语言进行通信联络的呢？至今为止这仍然是一个谜。

昆虫舞蹈家

托尔斯泰在《安娜·卡列尼娜》这部小说中，在描写列文清晨出去打猎的一章里这样写道："在寂静的早晨里，最微细的声音都可以听见。一只蜜蜂从他的耳边嗡嗡地飞过。他抬起头来看见第二只，又看见第三只。它们是从院子里飞出来的，飞过大麻田，一直飞向沼地。"

在描写列文到养蜂场去取新鲜蜂蜜的时候，托尔斯泰又谈到了蜜蜂飞行的这种特点："在蜂箱的门前，他看着小蜜蜂和雄蜂绕着一个地方来回地飞，看得眼花缭乱。在这些蜂当中，工蜂飞出飞进，忙个不休。它们有的是带着它们采集的东西回来，有的是去寻找采集的东西。它们永远飞向一个方向，飞到树林里正在开花的椴树上，然后又飞回蜂箱。"

蜜蜂确实是一只紧跟着一只向同一方向飞去的。原来，蜜蜂在集体行动之前，总是先派几个"侦察兵"前去探路。"侦察兵"回来后，就用一种特殊的语言——舞蹈，向同伴通风报信：什么地方有花蜜。奥地利著名昆虫学家弗里希对蜜蜂的舞蹈语言进行了研究。为了便于观察，弗里希设计了一个特殊的蜂箱。这种蜂箱有一面是用玻璃来代替木板——这样可以透过玻璃看到蜂房里发生的一切。同时，他还用不同颜色的油漆在蜜蜂身上的不同部位做上记号；通过这些记号，去识别和监视不同蜜蜂在巢里的工作情况。就这样，经过长时间的观察和研究，弗里希终于揭开了蜜蜂舞蹈的秘密。

如果派出去执行侦察任务的蜜蜂，回来后先飞一个圆圈，然后转一个方向，再飞一个圆圈，也就是跳圆圈舞，这便是报告："在距巢 50 米以内的地方有食物。"

如果"侦察蜂"先飞半圈，然后直飞回来，换一个方向又飞半圈，形状有点像一个横写的"8"字；直飞的时候，腹部末端还不停地摆动着，这就是摇摆舞。若这种摇摆舞跳得很慢，每分钟只跳 8 个"8"字，直飞的时候，尾部摇摆的次数却很多，这就是说："花蜜离家较远，大约 6 千米左右。"假如它跳得很快，每分钟跳 30 多个"8"字，而尾部摇摆的次数却较少，那就是报告："食物较近，距离蜂房只有 200 米左右。"

蜜蜂的舞蹈动作，不仅能报告花蜜距离蜂巢的远近，还能指示花蜜所在地的方向。如果跳摇摆舞时，蜜蜂头朝上，从下往上飞直线，这就是说："朝太阳的方向飞去，便能够找到花蜜。"如果跳摇摆舞时，蜜蜂头向下，从上往下飞直线，就是报告说："在背着太阳的地方，可以找到食物。"

根据"侦察蜂"的报告，蜜蜂便一只紧跟一只向蜜源飞去。

可是，蜂房内部都是漆黑一团的，在那里蜜蜂们几乎看不见"侦察蜂"的舞蹈。原来，它们像盲

蜜蜂用摇摆舞向同伴传达信息。
图片作者：J.Tautz and M.Kleinhenz, Beegroup Würzburg.

人"看"书一样，是用触觉来了解一切的。蜜蜂靠颤动的触角了解"侦察蜂"跳的是什么舞，动作有多快，从而掌握了全部"情报"。

蜜蜂采蜜。
图片作者：Ricks at the German language Wikipedia

对于蜜蜂来说，舞蹈动作不光是领取食物的"通知单"，还是一种重要的通信联络方式。当一个巢里的蜜蜂被挤得水泄不通的时候，老蜂后便带领一半"人马"出去另立门户了。这时，老蜂后会派出"侦察蜂"分头寻找合适的新居，对空心树、地上的洞穴、箱盒等可以建蜂房的场所进行一番探查。"侦察蜂"归来后，蜜蜂们就会在蜂房内召开"会议"。在会上，"侦察蜂"用舞蹈动作报告自己发现的新居的方位，还通过舞蹈描述那里是否理想：如果新居十分理想，"侦察蜂"可以一连跳上几个小时，而且跳起来生龙活虎，热情洋溢；如果新居不大理想，它跳起来便没精打采、死气沉沉，而且很快就结束了舞蹈。听完"侦察蜂"的汇报以后，大家经过讨论，做出最后的决定。有人曾做过一个试验，在一个平坦的旷野上预先放好许多人造蜂巢，结果从质量最好的蜂巢飞回来的"侦察蜂"，在会上以生气勃勃的舞姿赢得了伙伴们的赞叹，会后蜜蜂们便成群结队向这个蜂巢飞去。

鱼类的手势语

鱼类整天在水中游来游去，那里既没有"红绿灯"，又没有"交通警"，为什么它们不会发生"撞车"事故呢？原来，鱼儿也有姿势语言。通过对方的姿态、表情和动作，它们就可以知道对方的运动路线和方向，绝不会发生碰撞。

有人把白赤梢鱼或鲅鱼放入并排的两只玻璃鱼缸内，结果发现它们像演双

白赤梢鱼能与同伴保持动作协调。

簧那样，可以通过特殊的姿态，彼此协调动作，显得十分整齐。它们会用某些姿态和动作，通知同伴哪里有食物或出现了敌人，有时也会互相恫吓。这与聋哑人使用的手势语，有异曲同工之妙。

　　雄鱼为保护自己的洞穴而向敌人示威时，有的会鼓起鳃盖，有的会张开鱼鳍，威胁或恐吓对方。如果你想开开眼界，看一下鱼是怎么发怒的，不妨做一个试验。在鱼缸中放入一块画有鱼像的无光泽挡板，这时生活在鱼缸中生性好斗的鱼就会有所反应：如果鱼像的个头小于它，它就会主动向鱼像发动进攻；倘若两者的个头差不多，它也会试探性地前去挑衅；假使鱼像的个头比它大，它就会恐慌不安，准备逃之夭夭。

　　当然，鱼类在示威时的语言是不完全相同的。在印度洋和地中海里有一种刺河豚，身上密密麻麻地长着很多"针刺"——变形的鳞。平时，这些"针刺"平贴在鱼体上。一旦遇到危险，刺河豚便立即冲向水面，大口吞咽空气，使鱼体变成一个膨胀起来的圆球，这时全身的"针刺"会向四面八方竖起，仿佛在警告来犯者："我不是好惹的！"

　　鱼类表示胜利的姿势是十分有趣的。有的鱼在得胜时往往把鳍紧贴在身上，并使整个身体保持垂直状态。鲤鱼却正好相反，它把鳍放开，在原地兜圈子，以

刺河豚利用浑身的尖刺警告来犯者。

图片作者：Ibrahim Iujaz from Rep.Of Maldives

示胜利。说来也怪，当一条鱼作出这种胜利姿势时，一旁的鱼是不敢向它发动进攻的。

棘鱼的舞蹈动作是多种多样的。有时候，一条雄棘鱼在另一条雄棘鱼面前，突然头朝下地跳跃着，同时疯狂地用嘴咬沙子。那是在向对方示威："走开，这是我的地盘！你赖着不

棘鱼。图片作者：© Hans Hillewaert

走，我就这样对付你。"雄棘鱼在邀请雌棘鱼进巢时，会拐来拐去地摇摆着，仿佛在倾诉衷肠："亲爱的，做我的妻子吧！"如果雌鱼的身子往下倾斜，那是表示："我同意了。"这时，雄鱼便平趴在巢前，歪头对着入口处，意思是说："请进吧，这是我们的家。"雌鱼在入口处伸展开身子，好像在回答："噢，这就是我们的家呀！"雌鱼入巢后，雄鱼会把头顶在它的尾巴上，一边碰撞，一边颤抖。这是在向雌鱼下命令："一切都准备好了，产卵吧！"事实表明，雌鱼只有得到这种信号时才会产卵，不然的话，它是不肯产卵的。有人曾用一根透明的玻璃棒，模拟雄棘鱼的颤抖动作，结果雌鱼大上其当——乖乖地去产卵了。

舞蹈大师丹顶鹤

鸟类能得心应手地用舞蹈动作来传递信息。每到繁殖季节，它们的舞姿就显得格外优美。这时，雄鸟往往厌不寻常的动作，显露自己最漂亮的羽毛，轻轻踏着舞步，并不时发出特殊的叫声来伴舞。

信天翁的求偶舞是很有特色的。雄鸟兴致勃勃地走到雌鸟面前，不停地昂头俯首。它深深点头时，一次向左下方，一次向右下方，每点一次换个方向。

雄信天翁正在表演舞蹈。

如果它发现雌鸟正含情脉脉地注视着自己，它就会马上竖起两条狭长的翅膀，高高地扬起头，晃着脖子跳起舞来。它边舞边叫，声如牛鸣，乐得雌鸟神魂颠倒。

东南亚地区有一种眼斑雉。雄鸟在讨好雌鸟的时候，不断地旋转着，然后突然张开它那像一把小花伞似的巨大翅膀。霎时间，翅膀上明亮的斑点，宛如夜空中的繁星闪烁着诱人的光亮。

丹顶鹤不愧为鸟类王国的舞蹈大师。它们体态优美，秀丽潇洒，一年到头或独舞，或对舞，或群舞，常舞不休。

春末夏初的清晨或傍晚，人们在沼泽地上会看到丹顶鹤求偶时对舞的情景。雄鹤和雌鹤飘然落下，面对面地站在浅水滩上。忽然，雄鹤轻舒双翼，慢挪脚步，开始绕着雌鹤旋转，边转边舞。不一会儿，雌鹤微展两翼，轻巧地踏着碎步向雄鹤舞去。它俩有进有退，彼此环绕。一段时间以后，这对情侣开始轮流跳跃了：雄鹤刚刚落地，雌鹤便腾空而起；雌鹤飘飘下坠，雄鹤又抖神威。它俩一个在空中，一个在地上，来回交换着位置。经过许多回合以后，求偶舞便进入了最后阶段：它们双双不约而同地引颈长鸣，仿佛在对天发誓，永远忠于爱情。

丹顶鹤的集体舞也十分出色。黎明后或黄昏时，许多雌鹤和雄鹤在空地上围成圆圈，有时站成两三排。圆

丹顶鹤身姿优美。图片作者：Spaceaero 2

圈的中央是表演场地。几只丹顶鹤跑了进去，一蹲一跳，忽而展翅，忽而合上。它们伸长脖子，鼓起嗉囊，用响亮的鸣声进行伴奏。那几只丹顶鹤跳了一阵后，回到了原来的圈子里，换上另外几只又登场翩翩起舞了。

捕食时，丹顶鹤常转动着美丽的身躯。一会儿，一只丹顶鹤停了下来，向另一只频频点头，那是在邀请对方跳舞。被邀请的丹顶鹤显得落落大方，随即便婆娑起舞了。有趣的是，在沼泽地里觅食的其他丹顶鹤，见到这一情景会纷纷跑来，把它们团团围住。渐渐地，大家也随着载歌载舞了。

野象演哑剧

大象会用声音和同伴打招呼，也会用无声的语言进行通信联络。英国有一位军官曾亲眼看见野象演出的一幕哑剧。那是一个夏天的夜里，他躲在一棵高大的树上。那时，天气干燥，近处的水池都已干涸，野象不得不到较远的水池去喝水。但是那个地方很容易遇到敌害，事先得有个计划才行呀！那位军官发现，野象群的首领首先来到水池边，经过一番侦察，确认没有危险之后，它到树林中带了5头象来，让它们分开站在池边，宛如哨兵似的。然后，这个首领再次返回树林，把象群都带了出来，它们共有80头，整整齐齐地排列在水池边。直到饮水完毕，它们才静悄悄地回到了树林中。在整个过程中，没有发出一点声响。显然，野象首领是用动作和姿势下达命令的。

象的"秘密集会"，也是耐人寻味的。目前，在非洲的津巴布

大象喜欢集体行动。图片作者：Thomas Breuer

韦，大约有三万多头象。生态学家发现，每隔一段时间，大象们总是漫步走向一个中心地点，举行一种安静的"集会"。令人惊奇的是，不管它们"兵分几路"，却总是同时到达集合地点，谁也不会迟到。

为什么大象的步调会如此一致呢？也许，它们是用姿势语言来统一行动的。至于那个"秘密集会"的目的，至今无人知晓。可能它们是在用动作和姿势互通情报，共商象王国的大事吧！

大象还会用姿势语言来谈情说爱。这时，雌象会走近雄象，用身躯去挨擦，用长鼻去抚摸，以表达爱慕之情。

长颈鹿也是这样。雌雄长颈鹿在一起时，常常肩并肩地站在一起，用头或颈互相挨擦，这是一种甜蜜和温柔的语言。雌长颈鹿在求偶时，会不停地晃动长颈，仿佛是在用头颈"拍击"对方。

马与同伴相互帮忙。图片作者：Ancalagon

马的身体某一部位发痒时，会用一种巧妙的动作请同伴帮忙：它轻轻地咬身旁另一匹马的某一部位，而这个部位正是自己发痒的地方。这时，被它轻轻咬了的另一匹马立即心领神会，自动转过身来，咬同伴请它帮忙解痒的那个部位。

姿势语言也成了黑猩猩的礼貌用语。黑猩猩彼此见了面先要问候。问候的动作多种多样：向同伴欠身鞠躬，手拉手拥抱，亲吻或抚摸对方的脸或手。这取决于各自的等级地位和相互关系。地位低微的黑猩猩向首领问候时，总是先伸出手来，低俯着身子。首领则往往报以回答性的接触，碰一碰问候者的手或头部。如果是地位平等、关系亲密的朋友相遇，特别是久别重逢的老朋友，情况就截然不同了。它们飞奔过去，互相拥抱，发出欢快的叫声，并用嘴唇亲吻对方的脸、嘴唇和脖子，显得分外亲热。

蚂蚁的气味走廊

在一个神话故事中，阿里阿德涅是米诺斯国王的女儿，她聪明而美丽，曾巧妙地救出了被监禁在迷宫里的男子忒修斯。忒修斯是和一个半牛半人的凶残怪物米诺陶洛斯关在一起的，为了逃出牢笼，他杀死了怪物，顺着公主拴在出口处的一条引路线跑出了迷宫。

蚂蚁生活在田野上、草丛中，简直就像忒修斯被监禁在变化莫测的迷宫里一样。但是，这种昆虫用不着公主的牵线引路，也能顺着既定的路线返回自己的家，而且还能到离家更远的地方去寻找食物。原来，蚂蚁有着自己的引路线——气味语言。

不少人都观察过蚂蚁寻找食物的情景。一只蚂蚁发现了大块食物，立刻赶回家通风报信。不一会儿，大队蚂蚁浩浩荡荡地出发了。它们排成一字长蛇阵，沿着刚才报信的蚂蚁走过的路线，奔向食物所在地。

外出的蚂蚁是怎样把找到食物的信息通知给伙伴们的呢？昆虫学家发现，找到食物的蚂蚁，在爬行时腹部紧贴地面，从腹部末端的肛门和腿部的腺本里会分泌出一种化学物质——示踪激素，并沾染在地面上。这种化学物质会发出一种特殊的气味，能有效地标记出蚂蚁走过的路线。蚂蚁正是利用气味把发现食物的消息告诉伙伴们的，这就是动物的气味语言或化学语言。其中的气味物质，又叫外激素或信息素。有一种火蚁发现食物时，在回家途中会在地面上连续涂抹一种香味物质，好像用笔在纸上画线条似的。蚂蚁根据这种信息，就知道到哪里去找食物。如果食

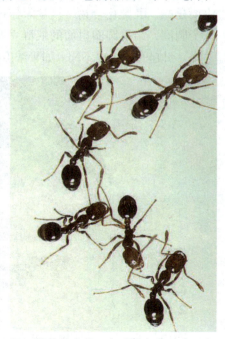

蚂蚁排成长蛇阵，向猎物奔去。

物较多，就会有许多蚂蚁前往那里，它们边走边涂抹气味物质，形成了一条几厘米宽的"气味走廊"。这种气味一般只能保持一两分钟，最长的可维持几天。

蚂蚁是用触角来辨别气味的，它的触角能根据气味了解外界物体的形态、硬度、高低。有时，你会看到两蚁相遇的情景：它们很喜欢利用头上的触角互相接触，仿佛在交头接耳、窃窃私语。实际上，触角接触时能传递气味，传递消息。

蚂蚁果真是用气味物质作为自己的引路线的吗？如果你不信，可以做一个简单的实验：当你发现一只蚂蚁找到大块食物时，马上把一张纸铺在蚂蚁回家必经的路上。蚂蚁搬不动食物，只得回窝召唤同伴。蚂蚁爬过这张纸以后，你可以用铅笔轻轻地标出它爬过的路线，然后把纸转一个不大的角度。不久，蚂蚁的大队人马来了。它们沿着既定的路线前进，在纸上仍然沿着铅笔标出的路线爬行，可是一走到纸边，它们立即发现路已"断"了。经过一番探寻，它们终于找到了原来的路线，便迅速地向前跑去。

除了示踪激素以外，蚂蚁还能分泌警戒激素。这是用来报警的一种信息素，主要是酮、醛类化合物。科学家作过一个有趣的试验：用警戒激素在地上画了一个圆圈，结果圆圈里面的蚁群立即森严壁垒地进行防卫。警戒激素的浓度不一样，引起的反应也不同。如果浓度较低，那么只有工蚁和兵蚁作防卫的准备。一旦浓度增大，就会在蚁群中引起强烈反响：蚂蚁纷纷钻入窝内，或扶老携幼地逃奔他处。在一些蚁群中，当警戒激素浓度增大时，众蚁就会奋起自卫，甚至互相攻击，乱作一团。

有趣的是，蚂蚁死了，它的同伙也可以根据一种物质的气味，得到确切的情报。这种物质是蚂蚁尸体分解时产生的四种脂肪酸（肉豆蔻脑酸、棕榈油酸、油酸和亚

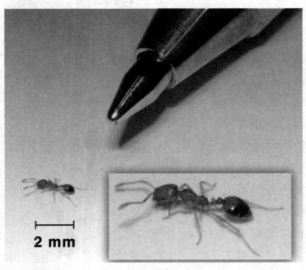

蚂蚁靠触角辨别气味。图片作者：Janke at en.wikipedia

2 mm

油酸）的混合物。巢中的蚂蚁一闻到这种气味，便立刻赶来把同伴的尸体搬出巢穴，运到固定地点埋葬起来。

有人把这种物质涂在一只活蚁身上，然后将它放入蚁巢。很快地，这只活蚁被几只蚂蚁抓住了，它被当作死蚁抬出巢外。不管这只可怜的蚂蚁怎样拼命挣扎，结果仍无济于事。如果它再次回巢，就会又一次被送到墓地，直到死蚁的气味完全消失为止。看来，蚂蚁王国之所以井井有条，是因为信息素在起作用。

昆虫的情书

我国台湾省南投县的埔里镇素有"蝴蝶王国"之称。每年 7 月下旬，南北各地的蝴蝶会不约而同地到这儿来聚会。这时，成千上万只蝴蝶汇成长 1 千米左右的空中彩虹。这条彩虹在空中飘荡着，有时会改变队形，变成大三角形，有时又变成一个巨大的椭圆形，有时却突然散开，刹那间万蝶纷飞，令人眼花缭乱。究竟是什么力量使各地的蝴蝶能在同一时间赶来相会呢？原来，蝶蛾类昆虫在性成熟时，雌虫的腹部会分泌一种叫性信息素的挥发性物质。它像情书一样，召唤着异性。雄虫嗅到这种气味后会不远千里而来，于是蔚为壮观的"蝶虹"便出现了。

有一种幼虫时期生活在粮仓中的小雌蛾——印度谷螟，也会分泌一种气味物质，这种物质的香气可以经久不散。有人把两只雌印度谷螟放在一只小玻璃瓶内，四分钟后便让它们飞离瓶子。使人感到惊讶的是，那只空瓶打开两天后，居然还能吸

聚集在一起的帝王蝶。图片作者：Agunther

引雄印度谷螟纷纷前来。

雌蚕蛾也是用性信息素向异性发出"邀请书"的。它的腹部有个小囊，里面装着芳香腺。雌蚕蛾只要一打开小囊，雄蚕蛾就能嗅到这种气味，从四面八方向它飞来。有人把雌蚕蛾的芳香腺切下来，放在雌蚕蛾旁边。结果，飞来的雄蚕蛾团团围住了芳香腺，对雌蚕蛾却一点也不感兴趣。看来，对雄蚕蛾有吸引力的，仅仅是能分泌气味物质的芳香腺。

德国化学家布特勒通过 20 多年的研究，从 50 万只雌蚕蛾中提取了 12 毫克纯性信息素，定名为家蚕醇。有人把一根玻璃棒，放在浓度为每毫升百万分之一微克的这种化合物的溶液中蘸了一下，许多雄蚕蛾便开始围着这根玻璃棒翩翩起舞。

在昆虫世界中，也有雄虫用气味语言书写"情书"，召唤情侣的。丸花蜂的身上总是毛茸茸的，每年 5 月间，雄蜂常在树木周围飞来飞去。它落在一棵树上，咬下一小片树叶，再飞到另一棵树上，也咬下一小片树叶，每隔几米换一棵树，每棵树上都咬一次。就这样，雄丸花蜂飞了一圈，咬了许多树和灌木的叶子，然后回到原来的出发点。接着，它在同一路线上又咬起树叶来。雄丸花蜂是在干什么呢？昆虫学家发现，它的上颚基部有个芳香腺，它咬树叶时便把分泌出来的芳香液留在那里。飞来的雌丸花蜂，根据芳香液散发的气味就能和雄蜂相会了。

毛茸茸的丸花蜂。图片作者：Alvesgaspar

美国农业部的科学家发现，雌性柑橘东方果蝇性信息素的类似物质——甲基丁香酚，对雄性果蝇有很强的引诱力。一张浸有甲基丁香酚的纸片，在几天内就可请来 5490 只雄果蝇。后来，他们在太平洋的一个 84 平方千米的洛他岛上做试

验，把甲基丁香酚和二溴磷杀虫剂浸泡在甘蔗渣压制板上，用飞机向岛上投掷，每月投两次，连续投了 7 个多月，结果所有的雄果蝇都被杀死了，剩下的雌果蝇也因找不到配偶而无法繁殖后代。从此，这种果实害虫在岛上绝了种。

鱼类的化学语言

鱼类也是用信息素进行通信联络的。

美国科学家做过一个有趣的实验：一条双目失明的鱼，安静地生活在大鱼缸里；另一个鱼缸里生活着一条凶猛的狗鱼。科学家从狗鱼的鱼缸里舀了一杯水，轻轻地倒入失明鱼的鱼缸里。顿时失明鱼变得惊慌不安起来，它如临大敌，到处乱窜，最后竟躲到假山的石缝中去了。原来，狗鱼留在水里的气味，使失明鱼惊恐万状。

鱼的气味从何而来？要知道，它们的皮肤表面有许多小腺体，这些腺体会分泌信息素。失明鱼通过嗅觉或味觉感觉到了狗鱼的信息素，于是它被吓得魂不附体。

非洲鲫鱼的受精卵是由雌鲫鱼含在口中孵化的。孵出来的小鱼在独立生活以前，都围在鱼妈妈的身边游来游去。鱼妈妈向水中分泌一种信息素，使小鱼知道这是自己的母亲。小鱼分泌另一种信息素，使鱼妈妈无微不至地关心和照料它们。如果没有这些信息素，非洲鲫鱼这种亲密无间的母子关系就难以维持。

鲑鱼在大洋冷水域中生活了几年后，会重返江河"故乡"中去产卵。科学

鲑鱼成年后会返回"故乡"产卵。

家发现，鲑鱼年幼时记住了极其微弱的气味信号，所以它能重返"故乡"。有一种鲇鱼视觉不佳，味觉却很好，它靠味觉猎取食物，靠味觉识别个体，还靠味觉交换关于年龄、性别和种类等信息。

　　黄杜父鱼在争霸时也常常使用信息素。这是一种生性好斗的鱼类。它们同胞兄弟之间也常为争霸而混战一场，结果不是一方被咬得遍体鳞伤，便是两败俱伤。美国研究人员约翰发现了一些有趣的现象。他把一条黄杜父鱼养在水箱中，里面放着一个泥瓦罐给它当窝。接着，他把一条陌生的黄杜父鱼放了进去。水箱里的鱼见到了不速之客，立即发起进攻，不幸它战败了，只得回到窝里隐居起来。从此以后，水箱里风平浪静，似乎这两条鱼已经"和平共处"。其实，败者已经认了输，在游动时，它总是贴着水箱边缘，生怕再触怒对方；而胜者则摆出了一副"盛气凌人"、不可一世的模样。

　　后来，约翰把胜者从水箱内移出，与顺从者分开过夜。第二天，当它们再度重逢时，顺从者并没有对陌生鱼发起攻击，仍然俯首帖耳地甘拜下风。但如果让胜者和另一条更凶猛的鱼同居一箱，原先的胜者交战失利后再回到原处时，顺从鱼就不再对它服服帖帖了，而是凶相毕露地猛攻一番，一直打得这个从前的胜者一败涂地为止。

　　顺从鱼怎么知道陌生鱼是打了败仗回来的呢？研究表明，交战对黄杜父鱼来说，是一种应激反应。在此过程中，胜者和败者鱼鳞的黏液中会出现两种不同的信息素，黄杜父鱼能把它们区分开来。为了证实这种见解，约翰用一块吸水布轻轻擦拭胜者鱼鳞上的黏液，然后将布放在一个玻璃缸里，使黏液混入水中。最后，当他把这种溶液倒入黄杜父鱼的水箱中时，顺从者马上变得老老实实，好像胜者已出现在它面前那样。

杜父鱼。图片作者：Brian Gratwicke

鼠尿报警

老鼠经常使用两种语言。人们熟悉的"吱吱"叫声，是它们的声音语言。这种声音能用来表示舒适、惊恐、邀请同伴、驱逐敌人，也可能是危险的警报和集合的命令，含义非常丰富。老鼠还会发出人耳听不见的超声波。这种超声波语言既是它们交谈的工具，有时又成了它们互相争斗的武器。两鼠相斗，进攻者并不动武，而是竖起体毛，怒气冲冲地发出尖叫的超声波，使受害者呼吸困难，全身僵住，最后因内伤而死。

然而，老鼠使用得更多、含义更复杂的却是气味语言。老鼠常通过皮肤上腺体分泌的信息素以及尿液发出的不同气味，传递各种信息。

老鼠群里来了一只陌生老鼠，这个不速之客会被鼠群竭力撵走，甚至被咬死。可是，两只素不相识的老鼠被关在一个笼子里，一段时间后再放出来，经过几天或十几天时间它们小别重逢时，就会显得格外亲热。它们之间是怎样识别的呢？原来，它们是根据各自身上的气味进行辨别的。

刚出洞的老鼠总是沿着墙壁或其他物体的边沿行动，渐渐跑向中央地带，边嗅边跑，还不时举目四顾，倾听动静。如果几只老鼠同时出洞，常常是身体较小的幼鼠走在前面，大鼠跟在后面；遇到可疑的食物，也总是体质最弱的先去品尝，因而进鼠笼、上鼠夹而被人捕获的，大多是初出茅庐的"新手"。"侦察兵"牺牲后，群鼠就不再上当。

有趣的是，一只老鼠被鼠笼关住了，它的同伴们即使没有看见鼠笼，也会

新来的老鼠会受到鼠群的驱逐。
图片作者：George Shuklin

不同种群老鼠尿液的气味不同。

图片作者：Polarqueen at the English language Wikipedia

匆忙逃走。它们是怎么得到消息的呢？原来，被捕的老鼠会在鼠笼和附近地面留下尿液．尿液的气味会告诉其他老鼠："这儿危险，快逃！"这种气味通过空气传开，它的同伴们嗅到了，便马上躲避

逃命。科学家在老鼠经常出没的地方，涂上受到惊吓的老鼠的尿液，结果鼠群就逃之夭夭了。

每一鼠群的领域是用各自的尿液划定的。不同种群老鼠尿液的气味是不同的。它们在行走时，不断地用尿液标出自己的路线，向同伴们指示安全的道路。回家时，它们也总是沿原路返回。这种气味路标会长期残留在地面上，所以鼠群行走的路线往往是固定不变的。

老鼠尿液里所含的化学物质非常复杂，因此气味语言的含义也很复杂。美国科学家从老鼠的尿液中提取了一种信息素，它具有特殊的气味，可以表明"老鼠到此一游"。把这种信息素涂在鼠夹、鼠笼上，老鼠就会自投罗网。后来，科学家们又提取到了一种老鼠信息素，它的气味含有雌鼠邀请雄鼠前来的信息。将这种信息素涂在鼠夹和鼠笼上后，连警惕性最高的大雄鼠也会顿释疑窦，落入圈套。目前，科学家们正在进一步研究老鼠的气味语言，以便用它来引诱老鼠，帮助人们消灭它。

袋鼠的订婚戒指

1770年7月，英国航海家詹姆斯·库克在澳大利亚东海岸发现了四只像猎犬那么大的野兽——袋鼠。两个多世纪以来，人们对袋鼠进行了考察和研

究。结果发现，雄袋鼠寻找雌袋鼠的方式十分奇特：它是用额腺分泌出来的香气来吸引异性的。如果雌袋鼠闻到这种香气后，朝雄袋鼠跑去，就表示它愿意同这只雄袋鼠结为"夫妇"。在这里，香气四溢的信息素成了袋鼠的"订婚戒指"。

蜘蛛和蛇等动物也有类似的"订婚戒指"。许多蜘蛛是利用信息素散发的气味寻找伴侣的。有些雌蜘蛛在身后放出一根叫引线的丝线，上面沾有雌蜘蛛身体上的香气。雄蜘蛛发现了引线，会用腿上的化学感受器分辨一下，是不是同种的异性放出来的。确定以后，雄蜘蛛就会沿着引线去和雌蜘蛛相会。在善于编织罗网的蜘蛛中，雌蜘蛛会把信息素掺入吐出的丝中。这样，它的异性伙伴只要闻闻蛛网丝的气味，就会找上"门"来了。在繁殖季节，有些雌蛇会在它们爬过的地方留下信息素，雄蛇便可以逐味而至，来到它们的身旁。

在秋天，雄鹿会把芳香腺擦在树木上。它的芳香腺至少有八个：两个位于内眼角处，一个在尾下，一个在腹部，每个蹄子上各有一个。芳香腺分泌的信息素黏附在树上后，在空气中很快便凝固了。这时，大雨冲不掉，狂风吹不跑，在很长的一段时间里，它始终召唤着异性前来这里。

雄鹿用身上的芳香腺把气味留在树木上。

在动物王国中，雄性的求婚也不是一帆风顺的。有时，雌性动物会拒不接受异性献上的"订婚戒指"。它会分泌另外一种信息素，警告求婚者："别接近我，赶快离开！"例如，无意接受异性爱情的雌步行虫，往往会避开雄虫的接近；如果雄虫还要纠缠，那么雌步行虫的腹部末端就会喷出一种雾状的液体，其中就含有这种信息素。它会使雄性步行虫停止追赶，有时还会使雄性步行虫动作失调，在地上打滚；严重的会使雄性步行虫持续昏迷几个小时。据研究和推测，雌性步行虫的这种举动，大多发生在产卵的时候，否则刚产下的卵就会有被雄性步行虫吞食的危险。

　　无精打采的母豚鼠一旦遇到公豚鼠的狂热追求，也会施出这类绝招：向拼命追赶的公豚鼠喷射尿液，其中大概也含有这种信息素。这就像当头一盆冷水，使公豚鼠立即停止了追逐。此时，狼狈不堪的公豚鼠便连连摇头，也许这是在表示愤愤不平吧！

　　雌雄动物结合后不久，一个新的生命便呱呱坠地了。有趣的是，母兽辨认自己的儿女，靠的也是气味物质。有时，动物饲养者为了让动物收养"义子"，常将哺乳母兽的奶涂抹在幼小动物身上，以便母兽把它收留下来，像亲生儿女一样进行哺喂。

小袋鼠靠气味找到妈妈。

　　雌袋鼠的肚子周围，有一个皮膜构成的育儿袋。新生的幼小袋鼠是怎样进入这育儿袋的呢？原来人们以为，这是袋鼠妈妈用牙齿或嘴唇把新生儿叼起来，放到育儿袋里去的。后来，澳大利亚的生物学家用摄影机拍下了母袋鼠的产仔过程，才发现事情完全不是这样的。刚生出来的小袋鼠是靠自己的力量，爬进"安乐窝"——育儿袋的。它抓住母兽的毛，像一条蠕虫那样弯弯曲曲地爬着，经过三五分钟才爬完这段艰难的历程。这时的小袋鼠既没有眼睛，又没有耳朵，不过已有了张开的鼻孔，大脑的嗅觉中心也已形成。于是，科学家推测，小袋鼠是靠气味物质，寻找通往育儿袋的道路的。

一身灿烂文章多

　　"耸冠翕翼修尾张，鳞鳞团花金缕翠，一身灿烂文章多……"北宋诗人梅尧臣在诗中用传神的文字，描绘了一幅绚丽夺目的孔雀开屏图。

孔雀是世界上有名的观赏鸟。它的羽毛光彩照人，被人赞为"天使的羽毛"。雄孔雀的头上长着美丽的羽冠，像一把张开的折扇。它的尾羽非常艳丽，每一根尾羽的顶端都有一个圆圆的斑纹，既有点像一弯月牙，又有点像一只眼睛。

孔雀的羽毛光彩照人。图片作者：Jebulon

孔雀开屏的情景确实十分迷人：雄孔雀挺起胸脯，眼睛凝视着前方，展开的尾屏就像打开了一把色彩绚丽的大羽扇，竖起了一座五光十色的屏风，上面有许多宝蓝色的圆斑，好像无数只眼睛在闪光。

有趣的是，雄孔雀从不涂脂抹粉，只在羽毛表面长了一层薄薄的角质。然而，这种角质有个特殊的功能——可以把日光反射、折射成灿烂夺目的多种色彩。人们从孔雀身上看到的，正是光线通过角质分解出来的颜色，而不是羽毛的本色。这种颜色会随光照角度的变化而改变，因而很不稳定。

孔雀为什么开屏呢？这不是为了供人观赏，而是它们用艳丽的羽色吸引和召唤情侣的绝妙方法。在这里，孔雀使用的是动物的色彩语言。风和日丽的春夏之交，是雄孔雀争艳比美、寻找伴侣的时候。这时，一只只雄孔雀迎着灿烂的阳光，降落在山脚下开阔的草丛和溪流两旁，竖起美丽的尾羽。在阳光的辉映下，羽毛像盛开的鲜花，一朵比一朵美丽，一朵比一朵鲜艳。雄孔雀紧紧地追随在雌孔雀身旁，那美丽的尾屏，宛如一把碧纱宫扇在微微颤动。

近年来，科学家发现，孔雀开屏还有避开敌害的作用。孔雀的"集体婚礼"是在空旷地带举行的。倘若敌害闯来，它们是很容易被发现的。在这里，雄孔雀是在用鲜艳的色彩警告对方：我已经发现了你，并作好了充分的准备。孔雀尾羽上的无数圆斑，对敌害也有迷惑作用。就在敌人疑惑迷茫和举棋不定的时候，孔雀便乘机溜之大吉了。

雄性鸳鸯两翼上有一对栗黄色的直立羽毛。

图片作者：Roland zh

在鸟类中，用色彩语言向异性求婚的并不少见。在百花盛开的时候，绚丽悦目的雄性鸳鸯，会在两翼上长出一对栗黄色的直立羽毛，使之更加英俊可爱。雄性琴鸟有一对特别发达的尾羽，在寻找雌鸟时，它会展开镶有黑边的栗色尾羽，犹如古代的竖琴，两翼间许多弓形的长羽毛，像银丝般闪闪发光，显得非常美丽。它们是在用雄姿美态，向异性发出呼唤。

　　色彩又是鸟类互相识别的标志。雌雄鹦鹉是根据嘴的基部的蜡膜颜色识别对方的。雌的为棕褐色，雄的呈天蓝色。如果你把雌鹦鹉的蜡膜涂成天蓝色，那么雄鹦鹉就会把它当作情敌，将它逐出家门。雌雄啄木鸟的外貌十分接近，只是雄的长有一些小黑胡子。倘若你给雌啄木鸟画上几根小黑胡子，雄啄木鸟便会将它拒之门外。把画上去的小黑胡子洗掉以后，雌鸟一回家就受到了雄啄木鸟的热烈欢迎。野鸭是通过翅膀上斑点的颜色来区分"自己人"和"外来人"的。有时候，一群野鸭中混入了一只外来鸭，群鸭一发现外来者翅膀上的标记不对头，就会把它撵走。当然，那只野鸭察觉到自己翅膀上的标记与众不同，也会自动离开，寻找自己家庭的成员。

水中情话

　　在美丽的水晶宫里，居住着庞大的鱼类家族。它们是运用色彩语言的"能手"。
　　每当春天繁殖季节来临时，生活在江河湖泊中的雄桃花鱼就变得格外艳丽：它身上那翠绿和粉红相间的彩纹，像玉石般光彩夺目；腹部宽阔的臀鳍红里透黄，

宛如系在腰间的美丽彩带。它摇头摆尾，紧紧围绕在雌鱼身旁，那绚丽的体色就像是绵绵情话。

雄性隆头鱼在繁殖期，会出现有红晕的橙黄色，在眼睛的后方同时会生出五六条天蓝色的条纹，在背鳍前端还会长出大的蓝点，闪耀着夺目的光彩。它是在用这身打扮，向异性发出呼唤。

隆头鱼身披夺目的外衣。图片作者：Gustavo Gerdel

在五彩缤纷的鱼类世界中，色彩语言是多种多样的。箱鲀是热带有毒的鱼类。它有绿色的背脊，柠檬色的腹部镶着宽阔而间断的青色条带，边缘是栗壳色的，尾部为环状花纹，尾鳍则是橙色或深黄色的。箱鲀的鲜艳色彩，对于其他鱼类来说是一种危险的信号："我有毒，切莫捕食。"领教过箱鲀毒素的凶猛鱼类，已经对它那鲜艳色彩和奇异斑纹留下了深刻的印象，再也不敢贸然进犯了。

生活在热带海洋的石斑鱼，具有奇特的变色本领。它能随着环境色泽的变化，很快地从黑色变成白色，从黄色变成绯色，从红色变成淡绿或浓褐色；还能使身上的许多色彩点、斑、纹、线忽明忽暗，简直像个技艺高超、变幻无穷的魔术师。人们把一种叫纳苏的石斑鱼放在水槽中，在受惊逃向假山时，它的身上突然出现了黑色的斑和线，一会儿又变成了均匀的暗色。有趣的是，受惊的程度不同，石斑鱼身上花纹的式样也不一样。在这里，体色的变化不光是为了适应环境，又成了一种警戒信号。

地中海有一种漂亮的鱼。它色彩华丽，可与鹦鹉媲美，因而有"海中鹦鹉"的美称。令人惊讶的是，每当黑夜降临，海中鹦鹉的全身就会笼罩在一层薄薄的半透明的"衣衫"中，仿佛穿上了一件"夜礼服"。当天色发亮时，海中鹦鹉快速向前游去，把"夜礼服"脱下，把它留在后面的水中。科学家认为，这种"夜礼服"是海中鹦鹉皮肤上的黏液分泌系统制造出来的。海中鹦鹉穿上它不是为了邀请客人，而是一种拒客的"伪装"，对其他鱼类的食欲起抑制作用。它好像在告诉来犯者："我会使你们大倒胃口的！"

萤火虫的对话

夏日的黄昏，人们常常可以看到，萤火虫三三两两在树丛中、小河边飞来飞去，时隐时现；那绿色的幽光，忽上忽下、忽快忽慢地闪烁飘动，宛如天上掉下来的星星。

我国古人把这种能发出荧光的小昆虫，叫做"夜照"。因为萤火虫飞起来像盏小灯笼，古希脂人就给它起了一个美丽的名字"拉恩布鲁"，意思是"提灯夜游的诗魂"。我国晋朝有个清贫好学的车胤，从小爱读书，但他家里很穷，点不起灯，于是他就用很薄的纱布，做了个小口袋，把萤火虫捉来放在里面，晚上便利用闪闪荧光来勤奋读书。这就是"车胤囊萤"的故事。

萤火虫是惹人喜爱的。西印度群岛的居民夜间在丛林中赤脚行走时，常把一种大而光亮的萤火虫缚在脚趾上，用以照亮前进的道路；巴西的少女像戴花一样，将这些漂亮的"小灯"系在头发上；日本有个萤火节，节日那天许多人在京都附近的湖上荡舟，在欢笑声中把笼中的萤火虫放出，与繁星争辉。

傍晚的萤火虫仿佛是漂浮在树丛中的星星。图片作者：Quit007

在我国南方的山洞里，有时人们会看到萤火虫发光的动人场面：山洞穹顶，千百万只萤火虫发出金银线似的亮丝。如果走进山洞的人说话声音太大，或猛击几下洞壁，顷刻间光亮即逝，好像关了电门一样。但不一会儿，一个接一个的萤火虫又燃亮

了自己的小灯，犹如晚上城市点起了万家灯火，整个洞顶很快又被照耀得亮闪闪的。

萤火虫约有 1500 种，它们发出的光各不相同，有淡绿色、淡黄色的，也有橘红色和淡蓝色的。有的每回陆续发 3 次短暂的淡黄色光，有的发 5 次橘红色光，每两次的间隔为 2 ~ 10 秒钟。西印度群岛的扁甲萤发出的光辉可与最明亮的星火媲美。1898 年，美军在古巴作战，著名的哥加斯医生在为伤兵施行手术时，突然灯灭了，结果他依靠一瓶扁甲萤的光亮，成功地完成了手术。据估计，三十七八只扁甲萤所发出的光，约等于一支烛光。

牙买加的萤火虫"灯火"灿烂，它们群集在棕榈树上时，整棵树就像

萤火虫只在黑暗中才发光。

图片作者：Emmanuelm at en.wikipedia

淹没在一片火海之中。聚集在泰国沿河一带红树林上的雄萤，每分钟闪光 120 次。成千上万只雄萤一起闪亮，又一起熄灭。船在河上划行，就好像遇上了阵阵闪电，一会儿四周漆黑一片，一会儿却亮似白昼。

科学家通过研究，揭示了萤火虫发光的奥秘。原来，萤火虫的尾部有个发光器，里面的荧光素在荧光酶的催化下和氧化合，会发出荧光。荧光素和荧光酶的比例不同，发光的颜色就不一样。进入发光器的氧气数量的多少，会使发出的幽光亮度不一。雌萤的发光器在腹部的后三节上，发光部分稍大，前两节成阔带形，后一节有两个小点子。雄萤的发光部分较小，只有尾部末节的两个小点子。

萤火虫黑夜发光，白天是不是也发光呢？可以做这样一个实验：在黑暗中，萤火虫发出了光亮；这时用非常细的一束光线照射在萤火虫的眼睛上，刹那间，萤火虫的小"灯"熄灭了。可见，萤火虫在白天是不发光的。

萤火虫为什么要发光呢？实际上，这是它们在进行"对话"呢。这个秘密是美国佛罗里达大学的动物学家劳德埃博士发现的。劳德埃博士发现，同一种

萤火虫。图片作者：Bruce Marlin

雄萤和雌萤之间能用闪光互相联络。有一种雌萤会按很精确的时间间隔，发出"亮、灭、亮、灭"的信号，这是告诉雄萤："我在这里。"雄萤接到这一信号后，就会用"亮——灭、亮——灭"的闪光回答："我来了"，同时向雌萤飞去。它们用这种闪光语言保持联系，直至雌雄相会。

你不妨到夏夜的郊野去试验一番：用手电筒一明一暗，发出闪光，雄萤接到闪光信号后，也许会向你飞来"赴约"呢！

英国的夜萤，只有雌的能发光，雄萤虽然不能发光，却能理解雌萤的闪光语言。意大利的舞萤，雌的数量比雄的少，雌萤常常把草丛当作洞房，像女王那样坐在那里，发出一道道光彩，召唤雄萤。一段时间以后，每个"女王"的身边都会出现一队追求者。它便从中选择一个如意郎君，作为自己的伴侣。

有趣的是，有些雄萤在用闪光语言向雌萤倾诉衷肠时，一旦发现情敌，会用雌萤的闪光信号把对方引开，或者干脆模仿捕食萤火虫的动物发出的闪光，把不速之客吓跑。有一种雌萤能模仿他种雌萤的闪光语言，把那种萤火虫的雄性爱慕者吸引过来，统统吃掉。明白了雌萤的贪馋本性后，同种雄萤便将计就计：模仿可吃的萤火虫的闪光语言，将雌萤诱骗到自己的身旁。

劳德埃博士又发现，有些萤火虫还能用光亮的不同颜色传递信息。南美洲有一种萤火虫，身上有两盏"灯"：头上的是红"灯"，长在尾端的是绿"灯"。当四周环境安宁、没有危险的时候，它点亮红"灯"，向同伴们报告：太平无事。当附近出现敌害或其他危险时，它便熄灭红"灯"，点亮绿"灯"，向同伙们发出警报：这里有危险，赶快离开！

在掌握了萤火虫的闪光语言以后，有的科学家开始用电子计算机模仿萤火虫的应答反应来与萤火虫"通话"。一旦获得成功，人们就可以指挥萤火虫的行动了。

水黾发电报

有时候，你会在水潭和池塘的水面上，看到一些小虫子。它们身长五厘米左右，全身黑色，有六条纤长的腿，动作十分灵活，这就是水黾。水黾是一种终生生活在水里的昆虫，它们的足迹遍布世界各地，有时甚至出现在海面上。

颇为有趣的是，水黾在水面上不但不会下沉，而且还能活动自如。这是为什么呢？原来，它的身体表面有一层防水鳞片，就像涂了一层防水油脂一样。由于它的身体不会被水浸湿，不会沉入水中，因此它就能巧妙地用足支撑在水面的薄膜上。平时，水黾用中足和后足支撑身体划游、运动。它常常一边划水，一边举起一对前足，随时准备猎取食物。假如鱼儿追来，它就在水面上跳跃逃命。

你只要稍微留意一下，就会发现水黾对水面的动静是十分敏感的。即便是一两滴水溅到了水面上，它也会慌忙逃走。为什么水黾的感觉这么灵敏呢？这是因为它的足关节之间有一层特殊的薄膜，膜上有灵敏的感震细胞，它们能感觉到水面上的轻微波动。对于这种水生昆虫来说，了解四周的动静是至关重要的。因为无论是送上门来的美餐，还是猛扑过来的大敌，都会引起水面的波动。

水黾之间是怎样互相联络的呢？美国动物学家威尔考克斯教授在澳大利亚的一个池塘边发现，一只雄水黾正在用两只前足有节奏地叩击水面，平静的水面顿时泛起粼粼微波，水波缓慢地向四周扩散，形成一个又一个同心圆。

水黾站在水面上，不会下沉。图片作者：Webrunner

水黾用前足叩击水面，与同类联络。

图片作者：Cory

这只雄水黾在干什么呢？对此，教授感到迷惑不解。正在这时，一只雌水黾向雄水黾游了过来。见到这一情景，教授恍然大悟：雄水黾叩击水面是在向异性发出联络信号。后来，经过仔细的研究，教授终于证实了自己的想法。

威尔考克斯教授觉得，水黾的联络方式很像人们在收发电报。雄水黾给雌水黾拍"电报"时，振动水面的频率从每秒钟25次开始，慢慢减到每秒钟10～17次结束。这是寻求配偶的"电文"。收到这种求偶"电报"以后，雌水黾便立即"复电"。它的"电文"，是以每秒钟振动水面22～25次的方式发出的。通常，雌水黾一边"复电"，一边向雄水黾游去，直至雌雄相会。

雌雄水黾的配合非常默契。雌水黾在水面漂浮的树叶或杂草上产卵时，雄水黾就在一旁充当着卫士。一旦发现有别的雄水黾游过来，这只雄水黾便以每秒钟振动30次以上的频率，发出紧急"电报"，告诫对方："不准前来！"如果那只雄水黾一意孤行，继续游过来，这只雄水黾就会冲过去和它格斗。

通过一段时间的分析和研究，威尔考克斯教授成功地破译了水黾的"电报密码"。他制作了一个小型电子仪器，安装在池塘里，用岸上的无线电仪器遥控，让它模仿水黾"发电报"。电子仪器发出的假水黾"电报"，和真水黾"电报"几乎一模一样。结果，不少雌水黾应"约"而来。

活的化学机器

　　动物、植物和细菌的活细胞，都是出类拔萃的化学机器。在亿万年的漫长进化过程中，这些活细胞获得了一种令人惊异的本领，这就是它们能合成生命活动必需的一切物质：从最简单的甘油和醋酸，到诸如蛋白质、核酸、维生素和激素等复杂物质。

　　活的化学机器为什么神通这么广大？在活的化学机器里，化学合成的经济性和有效性是十分惊人的。就拿维生素 B_{12} 来说吧，化学家历尽艰难在 10 多年前才合成出来，然而在生物体内却不费吹灰之力，就连最原始、低级的细菌也能胜任。又如，由缬氨酸开始，直到血红蛋白肽链的合成，在活细胞中整个过程仿佛拉上拉链一样，新的氨基酸分子以每秒两个的速度加到肽链上去；这样，合成一条 150 个氨基酸的肽链，只需花费 1.5 分钟！活的化学机器如此高效，是因为它们的肚子里各种神奇的"魔术师"——酶在起作用。据推测，一个活细胞里拥有几千种酶，可以同时发生 1500 ～ 2000 个化学反应。与化工厂的催化剂相比，酶的催化效率要高出万倍甚至亿倍！化学家们由此得到启发，找到了发展化学工业的新方向。

　　研究活的化学机器会给我们带来什么启示？首先，揭示活细胞内合成的某些物质的结构，可寻找具有同样或更高生物活性的化合物，如结构似吗啡的纯合成制剂普罗美多，比吗啡有着更强的止痛功效。其次，科学家们不仅模仿了自然界的个别反应，还成功地模仿了整个合成线路。最后，在自然界的启示下，人们合成了自然界没有的物质，例如，能耐受 4000 摄氏度高温的树脂。

精美的丝织品

温暖晴朗的日子里，在乡间，人们常常会看到一根晶莹的游丝，在空中随风飘荡。这就是蜘蛛的天桥。蜘蛛先爬到高处，再放下丝来，以便在空中旅行和编织蛛网。

蜘蛛织网的本领是很高明的。它能根据地形，精确地"计算"出需要织多大的网，然后用最省料、又能达到最大面积的方法进行编织。当第一根飘忽的游丝黏在树枝、墙角等处时，蜘蛛便开始忙碌起来：它先用干丝在四周拉一个框架，再拉圆网的所有半径线，然后用黏丝在辐射状的蛛丝间，密密地排成梯子档。蜘蛛织起网来干净利落，不到一个小时就可以织出这么一张精致的丝网。

这么多蛛丝是从何而来的呢？原来，蜘蛛的腹部有个丝囊，它有 6 个小孔，叫喷丝口。从这里喷出一种叫纤丝蛋白的液体，它一遇到空气，就氧化成了坚韧透明的细丝。有一种芎蜘蛛另有制造彩色丝的特技，在产卵前编织卵袋时，它时而喷出白丝，时而喷出红棕色丝，一会儿又喷出深褐色或黑色的丝。正是研究了蜘蛛的这一本领后，人们才发明了人造丝。现今的各种人造纤维，包括日常生活中用的涤纶丝、腈纶丝、尼龙丝和玻璃丝等，都是模仿蜘蛛喷丝那样，先把涤纶、腈纶、尼龙和玻璃等熔解，或熔融成为一种黏稠的液体，

蜘蛛的腹部有个丝囊。图片作者：Michael Palmer

然后将这种液体从喷丝孔中压出或拉出，使之在空气或某种液体中凝固成纤维。可惜，带蜘蛛的彩色造丝法在丝织业中，目前尚未得到应用。

蛛丝是十分纤细的，100根加在一起也不过一根头发那么粗。可是，它非常坚韧，一般的风雨休想把它弄断。此外，蛛丝不大会发霉，它含有杀菌物质，同时又是酸性的，这就可预防霉菌的侵袭了。现在，人们已开始在某些织物中添加防霉剂和防蛀剂了，这里也许得到了蛛丝的启示。蛛网是大自然中独一无二的悬索结构，如今，按照蛛网的结构，人们已建造成了悬桥。

蜘蛛很机灵。结好网后，它就伏在网的中央，"守株待兔"——等待飞虫自投罗网。如果是一张小叶片、一枝细细的桔梗落到蛛网上了，只见蜘蛛震颤了一下，便安然不动了；可是，一只漫不经心的飞虫撞到了网上，蜘蛛便"兴冲冲"地爬过去，喷出黏丝把猎物捆起来，用毒牙将它麻醉，待猎物组织化成液体后，再大口大口地吮吸。蜘蛛是怎么知道将有美味到嘴的呢？它的腿上有裂缝形状的振动感受器。桔梗树叶碰到了网上，便不动了，所以蜘蛛只是在碰网的一刹那间，震颤一下。如果撞网的是飞虫，一定会挣扎一番，这样便给蜘蛛发出了振动信号。有人给蜘蛛开了个玩笑，把一张小叶片和一个高速振荡发生器相接，然后把叶片轻轻贴在蛛网上，顿时，蜘蛛就猛扑过来，它上当了。

奇怪的是，同是撞网的飞虫，蜘蛛的反应却截然不同：是苍蝇，它就马上跑来捆缚；如是蜜蜂，蜘蛛便按兵不动。是因为蜘蛛怕蜂螫吗？不是的。科学家发现，蜘蛛对40～500赫频率的振动最敏感，苍蝇扑动翅膀的频率正好在这个范围之内，而蜜蜂扑动翅膀的频率每秒超过1000次，所以不引起蜘蛛的注意。

蜘蛛在网上进退自如，为什么自己不会被黏丝黏住呢？蜘蛛一般是把干丝作跑道的，需要在黏丝上行走时，它的8条腿会分泌出一种油作润滑剂。这种润滑

蛛网织好了，蜘蛛静静地守在网的中央。图片作者：Gnissah

剂，也许会在机械工业中得到应用。

生物化工厂

你看到过炮虫放"炮"的情景吗？一只青蛙遇上了炮虫，它扑了上去，趾高气扬地张开了血盆大口，谁知这已经到口的小动物竟然放起"炮"来，一股毒雾从炮虫的尾部喷了出来，直射青蛙咽喉。青蛙被这一"炮"轰得晕头转向，只得垂头丧气地败下阵来。如果发现了身材比它大得多的昆虫，如蝼蛄等，炮虫就会主动出击，快速跑到蝼蛄面前，用尾部对准蝼蛄，轰地一"炮"，蝼蛄顿时便被击昏了，想逃逃不了，想溜溜不得，只好任其宰割和蚕食了。

炮虫为什么这般厉害呢？现在，昆虫学家已经揭开了其中的奥秘。炮虫是不少甲虫的形象称号，它们属于鞘翅目的昆虫。炮虫备有一种"化学武器"，它的作用原理，和现代的毒气弹、窒息炸弹、火焰喷射器及火箭十分相似。就拿一种叫气步甲的炮虫来说吧，它的体内会生产出许多"燃料"——过氧化氢和氢醌等，平时它们分别贮存在不同的地方。一旦发现大敌当前，或出现较大猎物，气步甲就立即收缩肌肉，将这些"燃料"一起挤入"点火室"。在那里，过氧化氢酶把过氧化氢分解成水和氧气，又使氢醌变成了有毒的醌，醌溶解在水中，在氧气的压力下猛然从尾部往外喷射。在猛烈的炮击声中，对手哪里招架得住，只得狼狈逃窜或束手被擒了。据观察，炮虫能一口气连放 12 炮，还能分别向 4 个方向射击。

显然，炮虫已成了一座活的"化学武器工厂"。这座奇妙的"工厂"为人们解决过氧化氢的保存问题，提供了有益的启示。要知道，高浓度的过氧化氢是很难保存的，它们极易分解而发生

气步甲放出的"炮"威力十足。图片作者：Patrick Coin

爆炸。炮虫体内虽有这类"危险品"，却能安然无恙。

像炮虫之类的"化学武器厂"，虽然不是只此一家，生产的化学武器也绝非醌一种，而是包括了醋酸、氢氰酸和柠檬醛等有毒或刺激性的物质，但是数量毕竟是有限的。然而，大自然中的"化工厂"却比比皆是，飞禽走兽、花草树木，无一例外。这些"厂"不吃一口油和煤，却能制造高级的化学品，比起人类的化工厂来，本领不知要高出多少倍。就拿维生素 B_{12} 来说吧，化学家们历尽艰难于 10 余年前才合成出来，而生物体内合成维生素 B_{12} 却不费吹灰之力，就连最原始、低级的细菌也能胜任。又如合成氨，化肥厂生产它时要高温高压，投资大，成本高，而栖息在大豆、花生等豆科作物根上的固氮菌，在常温常压的温和条件下，就能徒手将空气中的氮气抓住，使之合成农作物的"营养品"——氨。全世界的氮肥厂目前年产合成氨还不到 8000 万吨，而固氮菌这些"地下氮肥厂"的年产量，竟高达两亿吨。

"生物化工厂"为何这样神通广大呢？原来，它们的肚子里有着各种神奇的催化剂——酶在起作用。与化工厂里的催化剂相比，酶的催化效率要高出万倍乃至亿倍！化学家们从生物这部活"天书"中，受到了启发，找出了发展化学工业的新方向，这就是将生物体内合成的"技术秘密"引到化工厂里来，借以改善现有的或创造崭新的工艺。

近 20 年来，在这方面人们已取得了一些可喜的进展：用玉米淀粉作原料，以一种人造的酶作催化剂，造出了几十万吨糖浆，它们的营养价值和甜味竟同蔗糖一模一样；科学家们成功地对固氮酶和血液中输送氧气的血红蛋白进行了模拟；一批模仿酶功能

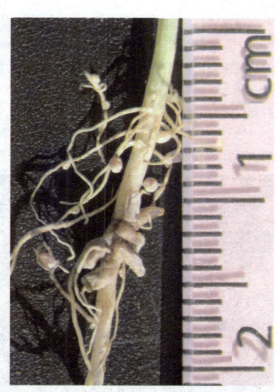

固氮菌在植物根上形成根瘤，可以为植物制造氮肥。
图片作者：Jeremy Kemp

的化学反应正在进行……随着许多酶的"西洋景"被拆穿，化学工业将呈现一片崭新的景象。

沉舟的奥秘

20世纪初，日本和俄国在对马海峡，发生了一场激烈的海战。出乎人们意料的是，力量弱小的日本海军赢得了胜利，举世闻名的俄国巴尔契柯舰队被打得落花流水，好几艘军舰被击沉了。对此，世界各国的军事家都感到疑惑不解。

经过一番调查，人们才明白：原来，是一些小小的海洋附着生物拖住了俄国舰队的"后腿"。在波涛汹涌的大海中，生活着10多万种海洋生物，其中1万多种是专门附着在舰船和海洋工程的建筑物上生长和繁衍的，如藤壶、牡蛎、贻贝、凿穴蛤、船蛆等。巴尔契柯舰队在海洋上航行了很长时间，舰船外壳上的防污涂料已剥落和失效，于是海洋附着生物便成群结队地附着在军舰的底部，这么一来，舰船的重量增加了，行驶时的阻力加大了，航行速度也就随之下降，打起仗来只好被动挨打了。

在这些海洋附着生物中，藤壶的附着本领最大，当它固着在海岛峭壁和舰船上后，即使是狂风巨浪，也冲刷不掉。这是因为藤壶在刚成熟的时候，能分泌一种黏液，将自己终生固定在一个地方。修船工人都知道，从船体上除掉藤壶是很棘手的事情，有时，往往会连同钢屑一起带下来。可是，化学家们从中得到了启发，藤壶的黏液在工业生产上倒是可以大大利用一

藤壶分泌的黏液能把自己牢牢固定住。图片作者：MichaelMaggs

番的。

现已查明，藤壶的黏液是由 24 种氨基酸和氨基糖组成的。有人预计，类似这种黏液的人工合成的特种黏合剂，不久将可问世。

一旦这种黏合剂合成成功，即使是现今最高级的黏合剂，也会变得相形见绌。只要温度在零摄氏度到 205 摄氏度的范围内，除了铜和汞之外，几乎任何东西它都能黏接，而且不需要清洁和干燥的表面，也就是说，黏接前的加工工艺可全部省略了。在建造高楼和大桥时，可以用它来黏接砖块及其他建筑结构；在造船、机械制造和飞机制造业中，它是最理想的黏合剂。在茫茫大海中，万一舰船漏了，这种黏合剂能将钢板黏在漏洞处。

鳄鱼的眼泪

1914 年，英国伦敦的一家动物园从非洲西部捕获到一头鳄鱼。解剖时，发现它的腹中有当地女人用的银手镯和珍珠之类的装饰品。鳄鱼不仅袭击人和其他动物，它们同类之间有时也会"六亲不认"，相互残杀：在食物断绝时，大鳄鱼会吞食小鳄鱼；在互相争夺食物时，它们也会气势汹汹地血战一场。

但是，令人奇怪的是，这种残忍的动物在吞食猎物的时候，总是悲痛地流着眼泪，好像在忏悔一样。正因为如此，人们在形容伪善的时候，就常常用"鳄鱼的眼泪"来讥讽。其实，鳄鱼的泪水只不过是它排泄出来的盐

鳄鱼虽然凶猛，但也会流泪。图片作者：Leigh Bedford

溶液。因为，鳄鱼和另外一些动物的肾脏，排泄功能不大完善，要靠特殊的盐腺来排泄体内多余的盐分。鳄鱼的盐腺正好在眼睛附近，所以当它一边吞食一边向外排泄盐溶液时，便被误认为是在淌痛苦的泪水了。

海龟也是"多愁善感"的动物。在几十年前，一艘轮船被大海吞没了，一群水手死里逃生，漂到了一座海岛上。岛上既没有淡水，也没有食物，四周海天茫茫，不见船帆的踪影。他们开始绝望了。突然，一只大海龟爬了过来，望着这批不速之客。真是

海龟也会流眼泪。图片作者：Claudio Giovenzana

老天有眼，将食物送上门来了。顿时，大家便转忧为喜了。有位水手上前问海龟："你要是真的救我们，就点三下头。"说来也怪，那海龟果真摇头晃脑起来，两眼还流下了怜悯的泪水。这时，他们毫不犹豫地一拥而上，把那只大海龟杀了，维持了几天的生活，直到最后得救。海龟是不懂人话的，它之所以频频点头，是因为颈子伸得太长，容易摇晃的缘故。海龟的眼泪和鳄鱼一模一样，它的眼睛附近也有盐腺，也能将体内多余的盐分排泄出来。

除了鳄鱼和海龟之外，海蛇、海蜥蜴和一些海鸟，如信天翁、海鸥和海燕等，也都有盐腺。海鸟的盐腺也在眼睛附近，它们排出的盐溶液经过鼻孔流到鸟喙，又从喙尖一滴滴流下来。看上去，这些海鸟好像是把海水喝进去，又吐了出来。

生理学家对这些动物的盐腺作了研究，它们的构造基本相同：中间有一根管子，向四周辐射出几千根细管。这些细管与血管交织在一起，把血液中多余的盐分离析出来，由中间的管子排出体外。盐腺将盐溶液排泄出去后，动物喝进去的海水，就变成了淡水。原来，盐腺是动物的天然海水淡化器。

在地球表面，70%以上是海洋。如果按水量计算，那么每一平方米的地球表面，便可分摊到 2000 立方米的水。按理说，人们的生活和生产用水，应该是取之不尽、用之不竭了。然而，海水咸苦，含有大量盐分，人和家畜不能饮用，

也不能用于农业灌溉和解决工业用水问题。在远洋航行的时候，就不得不携带大量的淡水，供船上的工作人员饮用。要是能解决海水淡化问题该多好呵！为此，科学家都绞尽了脑汁。目前，尽管各种海水淡化方法和设备已先后涌现，但人们总嫌它们结构复杂、费用昂贵、效率低下，无法从根本上解决问题。假如我们能向这些动物学习，模仿它们那种体积小、重量轻、效率高的海水淡化"设备"，那么，海水淡化的研究肯定会出现一个崭新的面貌，这对于开发海洋、解决水源和发展航海事业，将具有何等重要的意义呵！

人工鳃

"天高任鸟飞，海阔凭鱼跃"。浩渺无垠的大海，是海洋生物栖居的地方。五光十色的各种鱼类，世世代代在那里生活着、游动着……

人们多么希望能像鱼类一样长时间生活在海中啊！为什么鱼类在水中能尽情呼吸和自由生活，而其他陆生动物却只能望洋兴叹呢？原因很简单：在鱼类的头部，有一种特殊的呼吸器官——鳃。鳃是由紧密排列的鳃丝组成的，鳃丝两侧是突起的鳃小片，鳃小片上布满着纵横交错的微血管。当水通过鱼鳃的时候，鳃小片上的微血管便吸取溶解在水中的氧气，并排出二氧化碳。

如果模仿鱼鳃，制造出人工鳃，人们就能像鱼类那样在水中呼吸了。生物学家、海洋学家和工程师们被这个课题吸引住了。在他们的共同努力下，1964年，美国人劳勃制成了世界上最早的人工鳃。这是用两层硅橡胶做成的薄膜，它具有类似鱼鳃的功能。也就是说，人工鳃只允许溶解在水中的氧气通过，而不透过水和其他气体；但在相反的方向上，却只允许二氧化碳通过，把其他统统拒之"门"外。把一只老鼠放在用这种薄膜组成的容器中，然后置于水中，结果老鼠在里面正常地生活着。

说来也巧，生活在水下的一种昆虫龙虱，也是这样进行呼吸的。在潜水之前，它总是先扑一团空气，形成一个气囊，然后才潜入水中，通过气囊从水里吸取氧气，将呼出的二氧化碳排到水中去。

近年来，日本设计师已制造成功一种新型的人工鳃。将这种人工鳃戴在头上，人们便可以潜入水中生活几小时、几天，甚至更长的时间。试验表明，人

生活在水下的龙虱会自制"气囊"潜水。

图片作者：L.Shyamal

工鳃能吸收海水，将溶解在其中 70% 的氧气，从水中分离出来，供人呼吸，与此同时，失去了大部分氧气的水便重新流入大海。

现在，在日本的海滨，许多人戴着这种人工鳃，像鱼类一样在碧波中嬉戏。可以预计，在不久的将来，在海洋捕捞、浅海养殖、水下施工和科学考察等许多方面，人工鳃将大显神通。不过，目前人工鳃还处于研制阶段，由于体积较大、效率较低，所以使用起来不大方便。但是，随着现代科学技术的发展，肯定会有小巧玲珑的人工鳃出现，到那时，使用起来将方便得多了。

采矿专家

一位铁匠带着一袋铁钉，经过沙特阿拉伯北部的一片大森林。因为天气闷热，他就在树荫下打起盹来。当他醒来时，发现身边的袋子已破，里面的铁钉少了一大半。是谁偷走的呢？他环顾四周，连个人影也没有。经过一番搜索，他才发现，在树林深处有一群尖头、圆身的鸟，正在吞食他的铁钉。这就是吃铁鸟。这种鸟胃液里的盐酸特别多，所以能把铁钉消化掉。

许多生物都偏爱某些化学元素。大家都知道，海带含的碘比较多。当人们因缺碘生病时，多吃些海带是大有益处的。海带中的碘是从哪里来的呢？原来，海带可以把海水中的碘大量吸收进来，它体内的含碘浓度是海水的 1000 到 10 万倍。这种把环境中的物质吸收进来，在体内加以浓缩的本领，就叫生物富集。生物富集化学元素的能力是很惊人的。牡蛎体内锌的含量比海水大 33000 倍，铜的含量大 1000 倍。有一种人眼看不见的海洋浮游生物，可以使体内的铀的浓度提高 1 万倍。海水中钒的含量只有十亿分之五，可是海鞘体内的钒含量却有三千分之五，是海水的 30 万倍。

生物这种富集化学元素的本领，现在已经被人们用来监测环境污染了。据科学家研究和分析，蜜蜂为了采集 1 磅（约合 0.4536 千克）花蜜，就得飞行相当于绕地球三圈的路程。因而，根据蜜蜂带回蜂巢的物质，测定其中的元素成分，如铜、铥、磷、铅、硫及放射性物质等，便可以知道蜂巢附近地区的污染情况了。

海带可以大量吸收海水中的碘。
图片作者：Bj∅rn Christian T∅rrissen

植物富集化学元素的本领也不逊色。在长江沿岸生长着一种叫海州香薷的草，它的花是蓝色和蔚蓝色的。奇怪的是，这种草长得特别茂盛的地方，附近可能就有铜矿。正因为这样，人们就把海州香薷称为铜草。地质学家和植物学家共同研究的结果表明，铜草花朵的蓝色是铜矿石染上去的。铜草的根深入含铜矿的土层后，将铜离子吸收进来，由于铜的化合物是蓝色的，所以花朵就被染成了蓝色。如今，人们还发现，铅草生长的地方往往有铅矿，铃形花植物聚集的地方常有磷灰石矿，异极草茂密的地方可能有锌

除了海州香薷外，鸭趾草（上图）等也是重要的铜矿指示植物。图片作者：EHM02667

矿，这些植物已成为了人们找矿的重要标志。

众所周知，采矿业和冶金业的主要任务，是从某些化合物中提取需要的元素。为此，人们付出了艰辛的劳动。在这方面，植物的根称得上是"行家里手"了，它们能从土壤中吸收几十种分散的元素。如果人们能模仿植物的根，研制成一种新型的采矿机械，那么采矿业和冶金业的面貌就会大为改观了。

生物海关

1665 年，英国的机械师胡克制成了一架可放大 270 倍的简单显微镜。一天，当他用这架显微镜观察软木片的时候，意外地发现了许许多多像蜂巢一样的"小房子"，他称之为细胞（实际上是死细胞壳体）。以后，人们才知道，在整个生命世界中，几乎所有的生物都是由细胞组成的。

细胞也有自己的边界线，这是极薄的一层膜。在这层膜中，有一种像蝌蚪一样的大分子，它们的头喜欢水，尾巴不喜欢水，爱好各不相同。这"蝌蚪"就是磷脂分子。它们一个接一个地排成两列纵队，头向外，尾巴靠在一起，形成了细胞膜的骨架。在磷脂分子的两边，各有一层蛋白质分子，一起构成了"三夹板"似的细胞膜。

这细胞膜像"海关"一样，对细胞内外进出的物质进行严格的检查。对有些物质"大开绿灯"，使之顺利地进入细胞，对另一些物质则"禁止通行"，把它们阻留在外面；或者将一些物质留在细胞内，而把另一些物质分泌、排泄出去。例如，生活在海洋中的藻类植物含有很多的碘。碘是藻类植物从

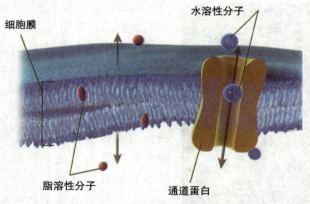

细胞膜　水溶性分子　脂溶性分子　通道蛋白

细胞膜像"海关"一样，对进出细胞的物质进行检查。
图 片 作 者：Blausen.com staff. "Blausen gallery 2014". Wikiversity Journal of Medicine.DOI：10.15347/wjm/2014.010.ISSN 20018762.

海水中吸收的。海藻细胞中的含碘量已经高出海水100万倍，可以说碘在细胞中已拥挤不堪了，可是细胞膜仍然只准碘进而不准出。

现在，人们模仿细胞膜，已经研制出多种人工膜。有一种膜只准溶剂和小分子的溶质通过，而把大分子的溶质留在外面，它能根据分子的大小，把溶剂和溶质或溶液中的不同溶质分开。这种人工膜可以用来从发酵液或培养液中提取药物和酶，也可以从食品和饮料加工的废液中，获得价值高的副产品，还可以用来减少有机物质对水的污染。另外有一种人工膜，能从盐溶液中将水和盐分开，如果这种人工膜及有关装置研制成功，我们就能使海水变成可以饮用和灌溉的淡水了，用这种方法淡化海水所需的能量，也比其他方法低得多。此外，人们还用一种人工膜做成了气体含量计，用以测量河湖和水库水中所含的气体量。

生命的新蓝图

百花竞放，万木争荣；鹰击长空，鱼游千里。生物界五光十色、千姿百态，充满着无限生机。众所周知，无论是高耸的大厦，或是壮丽的大桥，在建造以前都得有个施工蓝图。那么，浩如烟海、种类繁多的各种生物，是否也有一种"施工蓝图"呢？

答案是有。生物学研究告诉人们，这种蓝图就在一种叫核酸的遗传物质中。

为什么"种豆得豆，种瓜得瓜"？为什么鸡生鸡，羊生羊，鸟生鸟？为什么白种人生白种人，黑种人生黑种人，黄种人生黄种人？这一切主要是由核酸决定的。

在揭示了生物"施工蓝图"的奥秘之后，生物学家们便开始着手修改或绘制新的"蓝图"，以便改造生物和创造崭新的生物，这就是遗传工程。这个工

猪生猪，羊生羊，这是由基因决定的。

程是用人工的方法，把不同生物的核酸分子提取出来，在体外进行切割，然后有的放矢地互相搭配起来，再重新缝合，放回生物体中，创造出前所未有的生物。

　　应用遗传工程解决实际问题的第一个成果，是用大肠杆菌生产"脑激素"。这种脑激素可以用来治疗糖尿病和其他生长失调的病症。过去，从牲畜中提取这种激素，10万个羊头只能提取1毫克，每毫克的成本竟比登月飞船把一千克月球岩石带回地球所花费的钱，还要多几倍。1977年，日本科学家把人工合成的脑激素的遗传物质，带入大肠杆菌里，使"没头没脑"的大肠杆菌，"一反常态"地分泌起脑激素来。结果，用10升大肠杆菌培养液，生产出5毫克脑激素，每毫克的成本只不过人民币五角钱。

　　1978年9月，遗传工程又一项新成就被公之于世了。美国科学家将人工合成的控制人体胰岛素形成的遗传物质，转移到大肠杆菌中去，使大肠杆菌成为生产人胰岛素的"活工厂"。经鉴定，"细菌工厂"生产的胰岛素的化学成分，和人胰岛素完全一样。

转入苏云金杆菌基因的花生叶片（下），比普通花生叶片（上）能更好地抵御病虫害。

　　大家都知道，大豆和花生等豆科植物的根瘤菌，能够自己制造氮肥，这就是固氮作用。能不能使水稻、小麦和玉米等粮食作物，像豆科植物那样制造氮肥呢？现在，人们已经看到了实现这一理想的前景，因为科学家们已经把固氮细菌的遗传物质提取出来，转移到大肠杆菌里，使大肠杆菌也有了固氮的本领。

　　遗传工程不仅为工业和农业开辟了广阔的前景，也为医学开拓了一条发展的新途径。在解决千千万万人的遗传性疾病的问题上，遗传工程也是大有可为的。

　　如今，遗传工程已是蓓蕾初放。可以预料，在人类征服和改造大自然的战斗中，这朵鲜花必将开放得更加艳丽，更加光彩夺目。

大自然的能工巧匠

当银色的飞机翱翔于蓝天时，你可曾想到这里有鸟类和昆虫的功劳；当我国制造的喷水拖船在浅水区飞速前进时，你可曾想到其中包含着乌贼的启示；当圆锥形的电视塔在狂风中巍然屹立时，你可曾想到这是向云杉学习的结果……大自然的能工巧匠比比皆是。现代的科学文明，在某些方面，正是自然启示的结晶。

你知道生物航海家为舰船设计师提供了哪些宝贵的启示吗？你知道哪些动物激发了汽车设计师的灵感吗？你知道钢筋混凝土的由来吗。你知道数学家是怎么被千姿百态的植物叶子和花儿迷住的吗？

引人注目的是，现已灭绝了的动物纷纷成了仿生学家的"掌上明珠"。这是为什么呢？我们知道，仿生学研究动物的目的，是寻找其器官工作的原理和方式，并将有关知识用来解决工程技术问题。人们发现，不光是现代动物，就是古生物学家所研究的已退出生命舞台的动物，也能作为生物原型的模型，而且古动物的构造往往更加简单。这条途径的开辟，扩大了我们研究生物原型的范围，因为现代动物只是整个地球上存在过的动物中的一部分。

古生物学家们还试图根据古动物的构造来模仿它们。因为许多古动物都有一个力学结构，它必须承担一定的负荷，必须稳定，它的肌肉也要足够强大，使动物能在空间移动。后来崛起的一门新兴科学——古生物工程学，就是研究这些内容的。

生物航海家

一望无际的大海，是生物"航海家"们大显身手的地方。

乌贼有"活火箭"之称。你看，在蔚蓝色的海浪间，它如闪电般地飞驰而过，简直可以跟现代航速最快的船只相比！历史上曾经有过这样的记载：一艘小船正在大海中航行，突然，一群乌贼从水下一跃而起，一只只落在甲板上，由于承受不了这巨大的压力，小船沉没了。

乌贼的体形像火箭，前进的时候，尾部向前，头和触手叠在一起，成流线型；它的运动方式也像火箭，快速运动时由喷嘴喷出水来，靠反作用力飞速前进。当然，确切地说，应该是火箭像乌贼，因为早在火箭问世以前，乌贼就已经生活在大海之中了。

乌贼的"喷水发动机"是一种很好的动力装置。它的喷射力，足以使乌贼从深海跃入空中，在水面上 7 ~ 10 米处，飞行 50 米以上。凭着这个推进装置，通常乌贼每小时可前进 70 千米，最高速度甚至可达每小时 150 千米。只要改变喷嘴和有关部位的位置，乌贼就能进退自如。

人们模仿乌贼的运动方式，已经制成了喷水船。这种船的船体内装有一台水泵，水泵从吸水口把水吸入船内，

乌贼像火箭一样，靠反作用力飞速前进。

图片作者：albert kok

然后经喷射管把水从船尾高速喷出，靠水的反作用力推动船体前进。目前，我国已造出各种喷水船数十艘，在内河运输中开始大显神通。国外建造的一些喷水式高速船艇，时速已高达150千米，推进效率远远超过了螺旋桨。

海豚也是优秀的"航海家"。它的速度可达每小时100千米，能轻而易举地超过正在巡航的现代潜艇，像流星似地消失在茫茫大海之中。相比之下，体重100多吨的"庞然大物"——蓝鲸就显得大为逊色了，它们的正常速度只有每小时5～7千米。然而，仔细一算，人们便惊讶万分了；对于这种上百吨重的鲸，按照它的游泳速度，需要448马力的动力，可是实际上它却只有60马力。这是多么高的游泳效率呀！原来，鲸有着很好的流线型体形，这种形状使它在水中的阻力大为减少。

现在，人们已按照鲸的体形，改进了客轮和货轮，使船的水下部分不再呈刀形，而取鲸体形，减少了前进时的阻力。最新式的核潜艇也是按鲸的轮廓和比例建造的，它的航速比普通的潜水艇提高了20%～25%。

为了研究海豚高速前进的奥秘，有人做了一只钢质海豚模型，用无线电控制它的活动。它的尾鳍是用橡胶做的，每秒钟摆动四五次。引人注目的是，它的各种动作都极像真的海豚，可是游泳速度却相差甚大，只有每小时3.6千米。看来，海豚之所以游得快，除了理想的体形外，肯定另有奥妙。进一步的研究告诉人们，这奥妙就在它的皮肤上：外面的表皮薄而富有弹性，里面的真皮像海绵一样，有许多突起，突起之间充满着液体。这种皮肤结构，就像一个很好的消振器，能减弱身体表面液流的振动，从而大大减小水的摩擦阻力。

第二次世界大战后，美国海军研究部门根据海豚皮肤的这种结构，制成了"人工海豚皮"。把这种人造海豚皮包敷在鱼雷表面，可以使鱼雷在水中受到的阻力减少50%。这

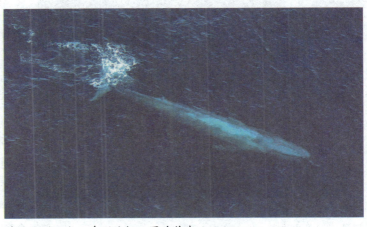

蓝鲸体型巨大，身形流畅。图片作者：WPPilot

种人造海豚皮也已用于小型船只，使航速得到显著提高。有人设想，如果能找到一种更接近于海豚皮肤的人造材料，那么这种新型人造海豚皮不但可用于大型舰船，甚至可用在飞机上，使飞行速度大为提高。

生物"航海家"们为舰船设计师提供了许多宝贵的启示。在不断的探索中，研究者发现海洋动物还有一个绝招。这就是在游泳时，它们的身体表面会分泌或喷射出黏液，这些黏液有"润滑"作用，可以减小水的摩擦阻力。现今，人们已人工合成了几种类似的黏液，将它们涂在船体外表面上，或把它们喷射出去，确实能降低船的阻力。例如，一艘长 4.2 米的小摩托艇涂上了这类黏液后，摩擦阻力减少了 15% ~ 20%。让一艘长 46 米的扫雷艇喷射浓度为 10% 的黏液，结果主机的功率节约了 12.7%。

新奇的汽车

南极洲是一个冰雪世界。探险家们来到这里，最头痛的也许是运输问题了。普通牵引车、拖拉机和汽车的车轮或履带在雪地里只是空转一阵，很难前进。怎么办？人们开始寻找车辆在疏松雪地上前进的新办法。

企鹅是南极洲最古老的动物，它们祖祖辈辈在那里生活了 1 500 万 ~ 2 000

企鹅在水里是游泳健将，在冰面上，它们也能用类似的姿势高速滑行。图片作者：Ken FUNAKOSHI

万年。在海洋里，企鹅是"游泳健将"，每小时的速度可达 36 千米，能轻而易举地超过一般潜艇。在茫茫的雪地上，企鹅又是"滑雪健将"。你别看它又肥又胖，走起路来摇摇晃晃，一旦遇到紧急情况，它却能以每小时 30 千米的速度在雪地上飞跑。原来，企鹅是扑倒在地，把肚子贴在雪地表面，然后蹬动双脚快速滑行。根据企鹅的运动方式，俄罗斯科学家设计和制造了一种"企鹅"牌极地越野汽车。这是一种新型的汽车，重1300千克，疾驰时它那宽阔的底部贴在雪地上，靠转动"轮勺"扒雪前进，前进速度可达每小时50千米。

有轮子的汽车在沙漠上行进，同样困难重重。然而，生活在广阔草原和沙漠地区的一种哺乳动物——袋鼠，却有一套快速运动的本领。

袋鼠的故乡是澳大利亚。它们的形体很像老鼠，但头小耳大，而且身躯要比老鼠大得多。袋鼠的奇特之处，是腹部生有一个皮口袋，那是袋鼠幼儿的"安乐窝"。袋鼠的后腿和尾巴强壮有力，平时用后腿与尾巴支持身体，构成一个"三角形"，只有在吃草时前腿才着地。它的运动方式与众不同，奔跑时尾巴翘起，不是一步一个脚印地前进，而是用后腿跳跃前进，往往一跳就有2米高、5米远，每小时可以跑四五十千米。这种动物成了动物王国的"飞毛腿"和"跳远健将"。

如今，模仿袋鼠运动方式的无轮汽车——"跳跃机"已经试制成功。它不需要平坦的道路，在坎坷不平的田野或沙漠地区，也能长驱直入、通行无阻。过去，人们常称赞骆驼是"沙漠之舟"，也许在不久的将来，"跳跃机"将争掠其美了。

一种在耕田和沼泽地上运动自如的新奇汽车——"蟹车"也已问世。这是俄罗斯科学家索科洛夫设计制造的。

你见过蟹爬行的情景吗？这种动物将一侧的足弯曲，用指尖抓住地面；同时，把另一侧的足向外伸展，当指尖够到远处地面时便开始收缩。原先弯曲的一侧蟹足此时伸直了，把身体推向相反的一侧。于是，蟹便向侧面方向前进了一步。

蟹车是模仿蟹的运动方式设计而成的。它的外形有点像载货卡车，由前后两部分组成。这种车辆的前进动作，是靠由液压控制的四只"蟹脚"来完成的。当后半部

螃蟹横行的本领已被人如法炮制。图片作者：Patrick Verdier

分的两只蟹脚向下伸长，插入泥中时，前半部分的两只蟹脚便上提，缩进"蟹体"内。这时左右两侧的两根液压杆会伸长，蟹车的前半部分会前移。接着，前半部分两只蟹脚向下伸长，插入泥中，而后半部分两只蟹脚上提，缩入体内，再令左右两侧的两根液压杆收缩，使蟹车后半部分前移，与前半部分车体合拢。至此，蟹车完成了一整套的前进动作。比蟹更为出色的是，蟹车不仅能前进，还会倒退、向左侧或右侧转弯等。只不过这种车辆只能在泥泞的耕田和沼泽地上大显身手，一旦置身于平坦的柏油马路或水泥公路，它便举步维艰了。

汽车设计师们还向昆虫"取经"，设计出五花八门的"昆虫汽车"。例如，越野车的设计师认为，在松软的土地上，车身窄而长的汽车有较高的通行能力。于是，他们模仿毛虫的运动方式，设计了一种别具一格的"爬行车"。这种车的车身是活动的，由铝环组成。发动机使铝环做复杂的往返运动，车身便像毛虫那样向前蠕动。这种爬行车安全可靠，万一翻了车，能自动恢复正常状态。除了毛虫式爬行车之外，装有帐篷的蝼蛄式越野车，采用声控系统操纵的金龄子式电动汽车，使空气阻力大为减少的吉丁虫式汽车和龙虱式汽车等也都各显神通，使人们大开眼界。

上天之路

很早以前，人们就向往像鸟儿那样，长出一对翅膀，飞上蓝天。

据传说，2 000多年前，我国著名的工匠鲁班做了一只会飞的木鸟。在同一时期，希腊人阿奇太也做了一只机械鸽子。在此以后，德国人米勒于15世纪制成了铁苍蝇和机械鹰；400多年前，意大利著名的科学家、艺术家达·芬奇在研究了鸟类和蝙蝠的飞行后，设计了一种扑翼机，

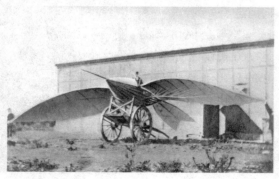

人类早期发明的飞机。

试图用人脚的蹬力扑动双翅来飞行。然而这些尝试都没有成功。飞天的伟大理想，驱使科学家进一步研究鸟类的飞行原理。经过长时间的反复研究，1903 年，美国的莱特兄弟终于发明了飞机，实现了人类几千年来梦寐以求的愿望。

飞机虽然飞起来了，但是在它诞生的初期，有一个问题却使研究者们伤透了脑筋。原来，飞机在空中飞得太快时，飞机的翅膀就会产生一种有害的振动，常使机翼折断，机身坠落地面。这种现象在科学上就叫颤振。可是，昆虫在飞行时却从来也不会发生这种情况。这是为什么呢？为了寻找其中的秘密，研究者把飞行之王蜻蜓抓来，仔细察看它们的翅膀。在蜻蜓翅膀末端的前缘，有一块黑痣似的深颜色的色素斑，引起了人们的注意。是不是奥妙就在这里呢？人们做了一个试验，把蜻蜓的这块黑痣切掉，然后让它自由飞行。结果，它飞起来荡来荡去，再也没有原先那样平稳了。看来，蜻蜓是靠这块黑痣来克服飞行时的颤振现象的。后来，人们在飞机两翼末端的前缘，制成一块加厚区，或加上"配重"装置，这种加厚区或配重具有蜻蜓翅膀上的黑痣那样的作用，于是，颤振现象便被消除了。

今天的飞机已经比鸟类高明得多了。它们比鸟飞得更高、更快、更远，并且已经实现了鸟类望尘莫及的超音速飞行。这么一来，飞机设计师们是不是就不再需要向鸟类和昆虫学习了呢？不，为了进一步发展航空技术，人们还得不断地向生物"讨教"。

一般鸟类在飞行时都会产生噪声。但猫头鹰却与众不同，即使在万籁俱寂的深夜，也能无声无息地飞行。这是因为猫头鹰翅膀羽毛的表面，长着细细的绒毛，因而翅膀扑动，羽毛相互摩擦，却不会产生明显的声响。此外，猫头鹰翅膀羽毛的前缘和后缘，都像细齿梳子那样，所以微小的噪声又可以从细齿间的缝隙中消失。要是人们模仿猫头鹰的翅膀结构，制成飞机的两翼，不就可以

海鸥的翅膀强健有力。
图片作者：Vlad Lazarenko

减小或消除高速飞机那种令人讨厌的噪声了吗？

海鸟的翅膀是别具一格的，它们前端尖尖，狭长而弯曲，比陆地上鸟的翅膀强健有力，因此海鸟能在辽阔的海洋上空作持久的飞行。有人模仿海鸟的翼尖形状，制成了一种机翼弯曲似圆锥形的飞机，这种飞机有很好的稳定性。

蝙蝠虽不属于鸟类，但它的前肢长趾间有皮膜，形成了两只翅膀，因而能在空中自由飞行。为了使飞行员们能顺利着陆，有人设计了一种"蝙蝠翼"着陆设备，它能和降落伞一样，折叠起来备用，但比降落伞更灵活，可以选择着陆地点，也可以垂直下降。

在空中，昆虫的特技表演是很精彩的。它们一会儿向上飞升，一会儿又垂直下降，有时竟悬停在空中，没多久便突然向侧面飞去，一刹那间就调转头来作回首飞行。在飞行的灵活性方面，现代任何飞机都只能甘拜下风。为此，飞机设计师们便开始研究昆虫的飞行动力学，为制造昆虫飞机奠定基础。如今，第一架昆虫飞机——塑料做的蜻蜓翅膀模型，已成功地飞上了蓝天。这种飞机机动灵活，可以用无线电进行控制，用于航空摄影和山区运输等是比较合适的。

高明的建筑师

现代的雄伟建筑大多采用钢筋混凝土结构。但是发明钢筋混凝土的却不是建筑师，而是法国的一位园艺家。19 世纪末，这位园艺家发现，大多数植物的植株之所以亭亭玉立，全靠根系的支持。它们盘根错节，牢牢固着在土壤中。他由此得到启发，把粗细不同的铁丝，像植物的根系那样相互扭结起来，然后用厚厚的水泥包裹起来，这就是世界上最早的钢筋混凝土。

在田野上，人们常常可以看到，金黄色的麦浪在翻腾起伏。令人不解的是，小麦的茎秆是细而中空的，却能支撑沉甸甸的麦穗和所有的叶片，即使风吹雨打也不会折断。原来，按照力学原理，中空的茎秆和同样粗细的实心秆相比，它们的支撑力几乎是相等的。小麦秆的这种结构既节省原材料，又有较强的支撑作用，真是一举两得！水泥电杆是人们司空见惯的，但如果将水泥电杆作一个横切面的话，你就会发现，水泥电杆也是中空的，和小麦茎秆的结构十分相似。这又是什么道理呢？原因很简单，水泥电杆是模仿小麦茎秆的中空结构制成的。

小麦的茎秆能支撑沉甸甸的麦穗。图片作者：Bluemoose

通常，人们都要求建筑设计既节省人力、物力和时间，又美观大方。在这方面，大自然为人们提供了宝贵的启示。羽茅草和高粱、玉米的叶子是很长的，它们的长度常常是宽度的几倍，甚至几十倍。这些植物的叶子往往卷曲成筒形，这就使它们的强度大为增加，即使在很强的外力作用下也不容易折断。现在建造的各种大型桥梁都需要有桥墩支撑。这样不仅造价高、施工困难，还会对江面上船只的航行有所妨碍。模仿筒形的叶片，人们已设计出 1200 米长的筒形叶桥，横跨一条海峡，中间连一个桥墩也没有。它的造型新颖，既牢固，又轻巧。

在南美洲巴西的亚马逊河上，漂浮着一种大而美丽的观赏植物——王莲。它叶大如舟，花儿艳丽而芳香。有人测量了一下，它的叶子直径可达两三米，载重量十分惊人，一片叶子竟可载重 40～70 千克，一个人坐在上面，一般不会下沉。为什么王莲叶有这般大的浮力

王莲叶大如舟，能承载一个婴儿。
图片作者：Emerson Santana Pardo

呢？这是因为它的叶脉大而中空，由叶的中央伸向四周，这就增加了浮力。100多年前，英国一位花匠兼建筑师仿效王莲的叶脉，用钢和玻璃建成了一座"水晶宫"。这座水晶宫虽然很重，却能浮在水面上。人们还模仿王莲的叶脉，修建了展览会大厅的屋顶和工厂的平顶屋盖。人们发现，是柔软的茎把王莲叶与水底连了起来。在这里，王莲叶就像重心连在悬索上的板面一样。根据这个原理，建筑师建造了叶式浮桥。

　　长年累月在狂风中生活的树木，底部的直径会明显变大，树干变成了圆锥形。有人设计了类似圆锥形的电视塔，把它建造在大风呼啸的山顶上。日本有一幢奇特的摩天大楼，它下面宽、上面窄，远远望去，就像是热带丛林中的一株参天大树。原来，建筑师在设计这座43层大楼时，参照了灵活而坚韧的竹树的结构原理，而大楼的墙体则采用了热带乔木板状根的原理，越往下越宽，这就使楼房更稳定而扎实了。这座大楼的抗震能力特别强，即使遇到了强地震，楼房也只是在地基上"跳跳舞"而已。即使楼顶的摆幅达到70厘米以上，大楼也不会遭到破坏。

　　在某些地区，车前子的叶片是呈螺旋状排列的。这样，每张叶片都能晒到阳光。人们在向车前子学习了以后，设计并建造了一种13层的楼房。在这幢大楼里，所有的房间都能吸收到充足的阳光。

车前子的每张叶片都能晒到阳光。
图片作者：Stan Shebs

　　乌龟壳、蛋壳、贝壳和花生壳等都有弯曲的表面。它们虽然很薄，但是能经受得住较大的压力。例如，一个厚度只有2毫米的乌龟壳，即使用铁锤猛敲，也不容易砸碎。从力学上分析，这种结构是很合理的：因为当它承受压力时，力量会向四周均匀扩散，所以十分牢固。北京火车站和北京天文馆采用的就是这种结构。现在，模仿贝壳结构的餐厅、杂技场和市场也已出现了。这些结构既轻便坚固，又节省材料，而且中间没有柱子，不会挡住人们的视线。

　　生物细胞里有气体，鱼鳔中也充满了气体，这种充气结构在建筑上是大有用处

的。它已被用来建造充气厂房、充气仓库、充气体育馆、充气剧场、充气桥和充气水坝以及充气飞机。这类建筑物有着优越的性能，它们重量轻、施工快、搬运方便，因而大受人们欢迎。

活的钻头

鲁班是春秋战国时期鲁国的一位著名工匠。据说有一次，国王命令鲁班在15天内砍伐出300根梁柱，用来修建一座宫殿。于是，他和徒弟们便带着斧头，上南山去砍伐木材了。谁知用斧头砍树又累又慢，鲁班他们起早贪黑地一连砍了10天，才砍了100来根。鲁班不由得焦急起来。有一天，他向山上走去的时候，一不小心，他的手被一种叫丝茅草的叶子划破了。草很软，为什么竟如此锋利？鲁班摘下叶片一看，原来在叶子的两边都长着许多细齿。走不远，他又看见一只大蝗虫正张着大板牙吃草叶子。鲁班捉住这只蝗虫一看，它的板牙上也有利齿。鲁班由此得到启发，马上拿了一爿毛竹片，在上面刻了许多像丝茅草和蝗虫板牙那样的锯齿。用它来锯树，只几下，树干就拉出了一道沟。可是，时间一长，竹片上的齿不是钝了，就是断了。于是，他下山请铁匠按照自己做的竹片，打成有齿的铁条。用这种铁条锯树，果真又快又省力。结果，鲁班和徒弟们只用了13天，就完成了砍伐任务。这带齿的铁条便成了最初的锯条。

鸟爪和兽齿是非常锐利的。靠着这些爪或齿，小松鼠可以吃带壳的果实，老鼠能噬咬坚

松鼠的利齿能咬碎坚硬的果壳。
图片作者：Mariappan Jawaharlal

硬的东西，矫健的苍鹰能轻而易举地抓住飞跑的兔子，受惊的猫则可以毫不费力地顺着墙角的树干爬上屋顶。为什么在它们的一生中，爪或齿都能保持锐利而不变钝呢？科学家们揭开了其中的秘密。原来，鸟爪和兽齿的构造十分奇特，它们是由软硬不同，也就是耐磨性不同的两层物质组成的：外层最硬，越靠里面越软。在使用的时候，软的部分磨损较快，硬的一层磨损较慢，于是爪或齿就能像经常磨的刀一样，始终锐利无比了。

鸟爪和兽齿的这种构造，也是可以加以利用的。大家知道，车工常为车刀容易磨损、需要更换而苦恼。科学家和工程师们就根据鸟爪和兽齿的原理，设计制造了一种新的车刀。它是由几片硬度不同的合金钢组成的，外层的硬度最大，内侧的硬度逐渐减小。这种车刀不仅能使用较长时间，而且始终保持锐利。

恐龙是生活在几千万到几亿年前的爬行动物。它们身躯庞大，大的身长有20米～30米，体重可达40吨～50吨。为了维持生命，这种大型动物每天至少要吃好几吨食物。可是，它长着一只小嘴巴，这么多的食物，在那小小的口腔里，即使整天不休息、不睡觉，一直不停地咀嚼，也还是吃不饱。那么，恐龙又是怎样解决这个问题的呢？

古生物学家发现了鸭嘴龙化石，在它的身上找到了答案。它的牙齿结构很特殊，在牙床上重重叠叠地排列着好几排锉刀似的小牙齿，每排几十个，一口牙齿的总数不下四五百个，有的恐龙的牙齿甚至多达两千个。同时，为了防止磨损后无法吃食物，它的牙齿还是双层的，外层的牙齿不能使用了，内层的牙齿就自动递补上来。这么一来，恐龙的咀嚼效率便大为提高，吃东西的速度也就大大加快了。

现在，工程技术人员模仿鸭嘴龙的牙齿，已经制成了由两排齿组成的两重钻头。它的钻进速度是一般钻头的 1.5 ～ 2 倍。同时，这种新钻头也模仿鸭嘴龙的牙齿，被装成了两层，内层的齿嵌在较软的材料

鸭嘴龙的嘴里有双层牙齿。图片作者：Ballista

上，当外层的齿磨钝了、无法使用时，钻头继续旋转，就会将这层软材料磨掉，露出内层的齿，于是钻头又可以继续钻进了。这样，钻机就减少了调换新钻头带来的麻烦。

有趣的数学问题

蜜蜂是动物界有名的建筑师。一昼夜之间，它们可以建造几千间蜂房，每一间蜂房都有严格的几何形体——六角柱状体。蜂房的一端有一个平整的六角形开口，另一端是闭合的六角菱锥形的底，由三个相同的菱形组成。

远在 1600 年前，数学家巴普就已经指出，六角柱状体是一种最经济的形状。因为在其他条件相同的情况下，这种形状的容量最大。蜜蜂好像懂得数学，它们采用了容积最大而材料最节省的建筑方案。

18 世纪的时候，对蜜蜂很有研究的法国学者马拉尔琪专门作了测算，组成蜂房底部的菱形面的所有钝角都是 109 度 28 分，所有锐角都是 70 度 32 分。这是多么有趣的自然现象呵，难怪数学家们要这么感兴趣了。

形状不一的植物叶子和姿态万千的花朵也引起了数学家们的兴趣。他们竟可以用数学家的"语言"——方程式，来表达柳树、三叶草和睡莲等植物的叶

每一间蜂房，都是严格的六角柱状体。

子形状，以及菊科植物花朵的外形。例如，三叶草的叶子形状就可以用方程式 $\rho=4$（$1+\cos3\varphi+\sin^23\varphi$）来表示。

不光是叶子和花朵，植物的叶脉也有一定的几何形状。在绿色的叶子上，有纵横交错的叶脉，它们是叶子的"运输线"——维管束。叶片的形状不同，上面叶脉的图案也不一样。有人作过研究，叶脉的几何图案可以使维管束的数量最少，但运输效果最为理想。因而，在设计供水或煤气的管道系统时，设计师们是可以向植物的叶脉"取经"的。例如，如果需要铺设管道的地区是狭长的，像玉米和水稻叶子的形状，就可以参考这些植物叶脉的图案来进行设计。

在动物和人体中有不少数学问题，都得到了圆满的解决。例如，在人和动物的血液循环系统中，血管不断地分成两个同样粗细的分支。然而，在分支的前后，血管的直径究竟按怎样的比例缩小才最合理呢？有人作过测算，这个比例数应该是 $1:\sqrt[3]{1/2}$，这样液体的能量消耗最小。令人吃惊的是，这个数字竟和动物及人体内血管直径的比例数一模一样。

又如，血液中的红细胞、白细胞和血小板约占血液的 44%。计算指出，当液体含有 43.3% 的固体物质时，随同液流运输的固体量最大。人们在工程系统中常常会遇到类似的难题，当我们了解了生物解决这些问题的方案后，这一切便迎刃而解了。

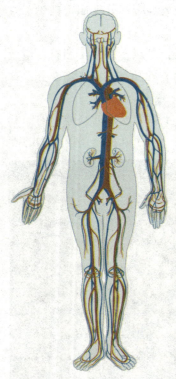

人的血管从心脏出发，分支越来越多，直径越来越小。

偶然的巧合，常常会把风马牛不相及的事联系起来。很早以前，人们就发现，仙鹤在季节性迁飞时，总是排成人字形，这个人字的夹角是 110 度左右。更精确的观察表明，人字形的每一边，与仙鹤前进方向所成的角度是 54 度 44 分 8 秒。这个角度对于结晶学家来说，是多么熟悉呵！要知道，金刚石晶体的角度也恰巧是 54 度 44 分 8 秒！这个不寻常的巧合使飞机设计师们大感兴趣：为什么仙鹤在飞行时，要以金刚石晶体的角度组成的队列？这个角度对飞行究竟有什么好处呢？科学家正在研究这些有趣的问题。也许，这些问题的解决，将为飞机设计开辟一条崭新的道路。

生物机械

人们向动物学习，设计和制造了形形色色的生物机械，如铁螳螂、铁蜘蛛、机器鳖、机器蛇、机器壁虎和机器长颈鹿等。如今，它们正在以独特的功能，为人类服务。

何谓生物机械？从人与机器关系的角度来看，生物机械既具有人造性，来自于人，是人造物；又具有类似性，其器官和功能类似于动物；还具有工具性，它是人类的工具，能为人服务。

为什么要研制生物机械呢？这里不妨从机器鼹鼠谈起吧。鼹鼠常被人们称为"活的挖掘机"。这种动物的身体结构很适合在地下挖掘洞穴：它们的头尖尖的，前端还有个坚韧的尖鼻子，这是天生的钻洞工具；脑袋强壮宽阔，适于挤压和搬运泥土；它们的主要挖掘工具——前爪，像把铁铲，挖起土来灵活而有力；腿粗、短且强健，有利于掘土时向前推进。模仿鼹鼠的挖掘方式，苏联科学家研制了机器鼹鼠。它由疏松前面土壤用的铲刀，用来把疏松的土壤压紧在周围墙壁上的设备，以及四个螺旋推进器组成。在挖掘隧道时，这种生物机械大显神通，令人赞叹不已。

机器宠物是怎么回事？一种外形象家猫的电子猫，已受到人们的欢迎。伦敦的一位发明家别出心裁地用电脑和其他电子器材组装了机器狗。凡是一般狗能做的事，它都能胜任。通过绳索的遥控，它还能表演有趣的杂技节目。傍晚时主人带着机器狗外出散步，遇到其他小狗时它会和它们一起撕咬玩耍。机器狗的体内装有电钟、收音机和电子琴，它能够随时播放新闻和歌曲，还能向主人报时。机器狗忠心耿耿，能看门，干活特别认真，而且不用吃东西，因而深受主人喜爱。

机器蟹和机器蛇

　　绚丽多彩、瞬息万变的海洋，是个神秘的世界。传说中，大海里有座美丽的龙宫，里面蕴藏着无数的珍珠宝贝。其实，龙宫是没有的，但大海确实是个聚宝盆，这里不光有丰富的石油、煤、金刚石、锡、铁和金等矿产，还有富饶的海洋生物资源。因而，很早以前人们就揭开了探索和开发海洋的序幕。

　　为了向海洋进军，工程师们正在设计和制造能在水下独立工作的自动机，然而，困难也就接踵而至了：大海深处有巨大的压力，自动机必须经受住高压的侵袭；海底遍地沙砾，或怪石嶙峋、坎坷不平，自动机寸步难行。

　　正当工程师们一筹莫展的时候，一种海洋节肢动物蝤蛑（又叫梭子蟹），引起了他们的注意。梭子蟹披盔戴甲，它的甲壳也是一种薄壳结构，承受压力的时候，力量会向四周均匀扩散，所以它们不怕深海的高压。它的重心很低，头胸部的宽度大于长度，八只步足分别长在身体两侧，每只步足又分成三节，能向下弯曲自如。在爬行时，梭子蟹常以一边的足尖抓住地面，另一侧的步足伸直起来，推动着身体前进。因此纵然一足陷于洼处，一足置于高台，或前有石块阻拦，梭子蟹依然能稳步前进，绝不会中途摔倒。

　　梭子蟹还兼有推土机的功能。有一次，一位研究者把一块腐肉放在海滨的一些小鹅卵石上，上面再压上一块2.5千克重的石头。涨潮时，水淹没了肉。一只梭子蟹跑

梭子蟹身披铠甲，不怕高压。图片作者：self

来了，它发现了这个情况，于是将身子挤进了鹅卵石与上面的大石之间，把那块比自己身体重40倍的大石推开了，获得了劳动的成果——一块腐肉。相比之下，目前各种推土机是大为逊色的，因为它们是无法推动比机身重40倍的物体的。

推土机能推动沉重的石头，梭子蟹也能。
图片作者：Anna Frodesiak

在梭子蟹的启发下，科学家研制成了机器蟹。这是一种能在水下行走和工作的机器，人可以在水面上遥控指挥。它的足和梭子蟹一样，也有能自由弯曲的三节，不同的是，机器蟹的足通常只有六只，而不是八只。为了获取海底和水中的目标物，机器蟹的两只"大螯"比梭子蟹更粗壮有力，活动半径也更大。这种"大螯"不仅能夹持住物体，采集岩样和海中生物，还能拿着一些工具，在水下进行电焊、钻眼等。由于机器蟹的身上还装有一台声学水深探测仪、一盏灯以及一台电视摄像机等，因而通过电缆，它能把水下的情况，清楚地显示在海面船只的荧光屏上。

据报道，苏联曾经用这种机器蟹，勘探过一座从水深2100米到离水面600米的水下山。日本一家广播公司的设计师有一种独特的设想，他们想用这种遥控的六足机器蟹充当记者，让它到危险的地方进行摄影和电视采访工作。

有了机器蟹，也许就可以派它们去危险的海底采访。

蛇的动作非常灵活，因为它的骨骼有许多节。

图片作者：Steve Jurvetson from Menlo Park, USA

蛇虽无足，动作却非常灵活。当它发现了可口的食物时，不管路径狭窄弯曲、路障重叠，蛇仍能高速滑行而过，闪电般地扑向目标；也不管这种动物的体形多么奇特，蛇总是能将它紧紧缠住。

蛇滑行移动和缠绕的高超本领博得了工程师的赏识。原来，蛇的骨骼有许多节，在神经中枢的统一指挥下，依靠每节骨骼的支撑和推动，蛇便能完成灵巧、柔和的动作。工程师们根据蛇的这一特点，研制成了仿生机器蛇。它长约 2 米，由 20 节组成，能像蛇那样运动，在障碍物众多的场合，用来搬运物件；也能抓取形状复杂的工件。

目前，人们正在研究如何保证火车在高速运行中，受到一些微小振动而不出轨。在这方面，蛇是值得学习的：由于多节骨骼结构，它在高速捕捉猎物时，总是沿直线运动，绝不会产生横向的力。要是在列车连接的机械上也采用类似的结构，高速行进中的火车安全问题不是就能得到解决了吗？

真假象鼻子

大象是大家比较熟悉的陆上巨兽，在古代有的地区把它奉若神明。例如，古代泰国人就把一种身体颜色变白的大象，看作国王或伟人的化身。相传在16世纪时，泰国和缅甸为了争夺一只白象，竟不惜大动干戈，血战五年之久。最后泰国得胜，保住了白象，在京城特地为它大兴土木，建造宫殿，命令最高等的贵族、和尚和歌手来服侍它。

长长的象鼻子能做很多事。图片作者：freestock.ca

现在，生物学家和工程师们被大象那长长的鼻子迷住了。一般来说，动物的鼻子只能闻气味，而象鼻却能嗅、能尝、能触、能吸、能卷、能拿、能打，几乎无所不能。在动物界中，功能如此完善的器官，实在罕见。

夏天，大象常常用鼻子吸足了水，喷在身上，痛痛快快地洗个澡。洗完了澡，它还会用鼻子吸些沙土，喷在身上。也许有人认为，这是大象在调皮捣蛋。其实，沙土黏在皮肤上，是为了防止蚊、虻的螫咬。

象鼻这种洒水和喷土的功能，在现代建筑中是大有用武之地的。许多房基、屋梁和地坪都需要浇注混凝土，而且必须分秒必争，不能拖延时间，否则就会影响质量。正因为如此，人们在建筑工地上常常看到挑灯夜战、机声隆隆的热烈场面。现在，国外已研究成功假象鼻子——一种喷注混凝土的机器。混凝土是经过搅拌后由压缩空气压入机器的"象鼻子"的。这种柔软的"象鼻子"是由电子计算机控制的，只要一个看管人员就够了。它可以将混凝土喷到四五十米高的地方，还可按需要自行移动，改变喷射的地点。它一分钟可以喷注2.5吨混凝土，一块重千吨的地基只需要几小时就可大功告成。

长颈鹿毫无疑问是世上最高的动物了。它伸长脖子，抬起头来的时候，足有6米高。通常我们住的两层楼房，也不过五六米高。长颈鹿俯首能饮水取草，昂首会攫取高悬的果子和嫩叶，别的动物见了即使馋涎欲滴，也只好干瞪眼。

有时，人们也会遇到类似的情况，比如需要到四周不着边际的空中去取一

长颈鹿伸长了脖子，足有六米高。

图片作者：Steve Garvie from Dunfermline, Fife, Scotland

些物体，或将某件物品送到半空中，甚至需要技术员到"上不着天、下不着地"的地方去修理一些设备。虽然人的脖子没有长颈鹿长，个子也没有长颈鹿高，但人有会思索的大脑。工程师们在长颈鹿的启发下，开动脑筋，研究成功了机器长颈鹿。机器长颈鹿的脖子可以自由俯仰和旋转，它的嘴是由夹持器组成的，可以衔取 50 千克的重物，并升高 9 米。这种机器长颈鹿是用无线电遥控操作的，操作的人只要通过电视屏幕，就可以对工作的情况一目了然，由此可见，它的动作之准确，完全可与真的长颈鹿媲美。

机器长颈鹿的功能十分强大，如果将夹持器换成一个斗状物，那么这个斗里便能载人和盛放工具，用于修理悬空的设备。如果把这个机器长颈鹿装在一辆汽车上，就如同一头奔驰的长颈鹿了。现在，机器长颈鹿已开始在造船厂里吊运物品了，城市电气公司和建筑安装公司，也将它用于维修和安装需要悬空操作的电气和通信等设备。一旦高楼失火，携带水龙的机器长颈鹿，也将大显身手。

各种吊车也很像长颈鹿的脖子。

电子乌龟

　　乌龟是大家熟悉的一种动物，可是有一种电子玩具，它的名字竟然也叫乌龟。为什么取这个名称呢？原因很简单：它的外形像乌龟，行动也像乌龟那样迟缓。

　　这种电子乌龟是人们模仿乌龟的行动而制造出来的一种自动机，它是一辆由电动机推动的三轮小车。光电管是它的视觉器官，碰撞接触点是对机械作用发生反应的触觉器官。在不同的外界条件下，它会产生多种多样的运动。在正常情况下，"乌龟"沿着曲线运动，到处搜索，好像在寻找什么东西，一个小时可以搜索完一大间房子。室内出现了不刺眼的灯光，"乌龟"便自动向电灯靠拢。前进道路上出现了障碍物，它会绕道而行。

　　有趣的是，这个自动机和活的乌龟一样，会自己寻找最适宜的环境。例如，遇到了强烈的灯光，它会自动后退，找个弱光处休息。如果在它的前方放上一面镜子，"乌龟"就会跑去，和自己的镜像相会，仿佛遇到了知己。电子乌龟虽然一年到头都不吃不喝，但也需要补充能量——给它的蓄电池充电。不过，在充电时它根本不需要人们的提醒和帮助。当蓄电池里的能量渐渐减少时，"乌龟"的活动能力也会随之减弱，这时，它会主动走近并接通电源，充电完毕后即自行离开，又像平常那样活动了。

　　研究者对这种电子乌龟作了一番改进，给它添加了电容器和微音器等元件。结果出乎意料，它竟获得了学习和记忆的能力。在大自然中，有些动物听到了敌害发出的声音，会装死躺下，以便蒙混过关。

乌龟行动缓慢。

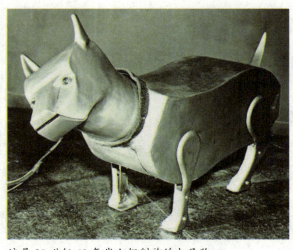

这是 20 世纪 40 年代人们制作的电子狗。

经过训练以后的电子乌龟也能学会这套本领：听到哨子声（或其他声音）后，它便停止一切活动，好像"死"去了一样。

现在，除了电子乌龟以外，电子老鼠、电子松鼠、电子鲫鱼和电子企鹅等自动机都已相继问世。如果你有机会看到这些电子动物的话，肯定会拍手叫好：果真名不虚传，它们的外貌和行为与那些动物太像了。

当然，也许有人会提出，电子乌龟之类的自动机，充其量不过是一些高级玩具，进行这类研究是多此一举。事实并非如此。要知道，动物的内部结构和外部行为是很复杂的，这就给研究工作带来了种种困难。相比之下，它们的模型——电子动物，要简单得多，通过这些模型来研究动物的行为，并加以模仿，自然也就方便得多。

何况有些电子动物，在生产上也是很有价值的。例如，能像鱼那样摇头摆尾、游动自如的电子鱼，就有可能成为诱鱼的工具。把这种机器鱼放入大海，它会混在鱼群之中，使鱼真假难分。这时，机器鱼就可以引诱鱼群，汇集到某一特定的海域，以便人们进行驯养或捕捞。

人们希望能让机器鱼带领鱼群，游到特定的海域。

图片作者：Bruno de Giusti

铁螳螂和铁蜘蛛

螳螂有许多有趣的别名。因为它昂首奋臂，颈长身轻，行走如飞，有马的姿态，所以叫"天马"；又因为它翼下有红翅，宛如姑娘的裙裳，又被称为"织绢娘"。它两臂常缩在胸前，好像祈祷一样，欧洲人就叫它"祈祷的昆虫"。

螳螂的身材苗条，能穿行于狭窄的缝隙之中。它那大刀似的两条多关节

螳螂的两臂犹如大刀。图片作者：CaPro

的长臂，是十分厉害的，即使是昆虫世界中跳高跳远的冠军蝗虫，遇上了它，也休想逃命。

几年以前，法国的工程师模仿螳螂的这些特点，制成了一只铁螳螂。它有着两条长而灵活的屈臂，可以从各个方向举起40千克重的物品。靠着四只各自单独驱动的轮子，它能在七高八低的地方行走，并能爬坡和攀登楼梯。铁螳螂里专门装有摄像机，能把工作现场的情况真实地反映给远方的操作者。房屋坍塌、发生地震等异常危险的场所，是铁螳螂大显身手的地方。在那里，它可以抢救人员和贵重物品。

蜘蛛的腿也引起了工程技术人员的注意。它的八条腿是多关节的，呈辐射

蜘蛛的腿呈辐射状排列，可以单独屈伸。

飞行员在飞行时，要承受巨大的压力。

图片作者：SAC Brown RAF/MOD

状排列。这些腿可以协调动作，也可以单独屈伸。这些特点在工业上是大有用武之地的。为此，人们研制成了铁蜘蛛，它比真的蜘蛛大多了：每条"腿"可以抓住25千克左右的物体，几条"腿"互相配合，还可抓住体积大、形状复杂的物体。

蜘蛛的腿还有一个与众不同的地方，就是里面根本没有肌肉，甚至连肌肉纤维也没有，却贮存着一种液体。

那么，蜘蛛是靠什么活动的呢？科学工作者通过高速摄影发现，蜘蛛的腿是一种独特的液压传动机构，能迅速升高腿中液体的压力，使软的脚爪变硬，以便进退自如。目前，虽然人们还没有完全弄清蜘蛛这种精巧的液压传动机构，但是可以预料，这一研究将为工程技术人员设计新的液压传动机构提供线索。

当高超音速飞机突然加速时，飞行员往往要承受很大的压力。这时，血液就会从脑子迅速流向双脚，因为脑子缺血，飞行员就会自我感觉不佳。按理说，长颈鹿也应该有类似的感觉，因为它的脑子离心脏有三米多远。但是，令人奇怪的是，长颈鹿的自我感觉良好。

这是为什么呢？原来，长颈鹿体内极高的血压帮了大忙。在熟睡时，长颈鹿的血压也可高达160毫米～260毫米汞柱。当长颈鹿拼命奔跑时，血压之高是不难想象的。靠着它那强有力的心脏，血液被压送到头部。同时，随着高度的增加，血压逐渐降低了。当血液到达头部时，血压只有75毫米～120毫米汞柱了，跟人和多数哺乳动物的血压差不多。

有趣的是，长颈鹿在低头饮水时，虽然脑

宇航员的压力服。

子大大低于心脏，血压会急剧增高，却不会发生脑溢血和血管破裂。这里有什么奥妙呢？原来，长颈鹿的身上紧紧包裹着一层厚厚的皮。这层皮紧箍在血管外面，帮助长颈鹿抵抗突然升高的血压。长颈鹿在低头饮水时安然无恙，原因就在于此。

　　航空生理学家们从长颈鹿的这层皮中得到启发，专门为飞行员设计了一种衣服。它紧紧地包住飞行员的身体，在飞机加速时能充入压缩空气，帮助飞行员抵抗突然升高的血压，使之保持良好的感觉。

机器壁虎

　　你看过美国电影《蜘蛛侠》吗？影片中的主人公身怀绝技，能飞檐走壁，沿着高楼墙壁爬上爬下，让人佩服得五体投地。然而，动物世界的"蜘蛛侠"——大壁虎，早就在自然界中大显身手了。

　　大壁虎是夜间活动的动物。夏秋的夜晚，它们凭借一身轻便的功夫，常在墙壁上、屋檐下、纱窗上或电杆上行走如飞，专门捕食蚊、蝇和飞蛾等害虫。

　　我国南京航空航天大学的戴振东教授等人被大壁虎的魅力吸引住了。这种动物简直像出色的杂技演员，可以在各种形状的物体表面和十分狭小的空间里穿梭自如，只需20秒钟就能爬上10层楼的窗户，仅仅依靠一个脚趾便能把自己悬挂在空中。大壁虎的负重能力十分了得，在天花板上它的负重可以达到自身体重的5倍（这种动物的平均体重是70克）。因此，背负总重75克的微型通信设备、视觉传

机器壁虎能在垂直的玻璃上爬行。

感器和电源的大壁虎，仍然能在峭壁上疾走如飞。

2007年年底，戴振东等人研制成了一种机器壁虎。那是一只活生生的大壁虎，只不过在它大脑的一定部位植入了微型电极。科学家只要发出电信号，就可以让它乖乖地"服从命令听指挥"了。

科学家控制了大壁虎的行动以后，就能在它身上安上摄像头或传感器等，让"全副武装"的大壁虎执行特定的搜救、反恐和探测等任务。例如，一旦发生矿难，救生员难以进入废墟侦查时，机器壁虎就能挺身而出，带着探测设备进入矿井，代替人类执行救灾侦查任务。机器壁虎的最大优点是不用电，而且它那绝妙的攀爬能力，是爬墙机器人望尘莫及的。

美国加利福尼亚大学伯克利分校的科学家们也对大壁虎产生了浓厚的兴趣。他们发现，大壁虎之所以能在垂直的墙壁上行走自如，是因为它的足底部长着约50万根纤细的刚毛，每一根刚毛的尖端还有上百个极细的衬垫。足底的这种结构使它的脚趾获得了极强的黏附力。研究表明，一根刚毛能吊起一只蚂蚁，100万根刚毛能让一个婴儿在下面"荡秋千"。

近年来，科学家正在研制具有大壁虎刚毛功能的材料。一旦这一研究大功告成，人们只要穿上用这种材料制成的手套和鞋子，就能像"蜘蛛侠"那样，在高墙上自由上下了。

壁虎能飞檐走壁的秘密在足底。

图片作者：Bjφrn Christian Tφrrissen

人和机器

1997 年 5 月 11 日，一场别于生面的顶级国际象棋比赛在纽约举行。引人注目的是，和男子国际象棋世界冠军卡斯帕罗夫比拼的，并不是其他国际象棋大师，而是美国国际商用机器公司的超级电脑"深蓝"。最终，冰冷无情的"深蓝"电脑，以 3.5 比 2.5 的成绩打败了世界第一号国际象棋选手卡斯帕罗夫。在这场比赛之前，这位饮誉棋坛的国际象棋大师在接受记者采访时曾说过："如果'深蓝'获胜，那将是人类历史上一个非常重要而令人恐惧的里程碑"。这话后面的潜台词值得思索：重要在哪里？恐惧的是什么？

有人说，电脑超过人脑，不值得大惊小怪。机器自问世之日起，就在不断地超过人：起重机比人力气大，汽车比人跑得快，现在"深蓝"的棋比棋王下得好，这并不足为奇。

在电脑出现以前，人类的智慧是至高无上的。如果机器有智能，并超过了人的智能，那么人类在世界上的地位是否会动摇？重要的是，任何电脑都是人制造的，其程序都是人创造和编制的。因而，从卡斯帕罗夫同"深蓝"的这场对弈，不能得出电脑已全面超过人脑的结论。

更加令人担忧的是，机器进化的速度远远超过了人自身进化的速度，那么，最终机器人会征服人类、统治世界吗？应该说，机器人的动作有很大的局限性。可以肯定，机器人的发展方向绝不是能跑、能跳、能大打出手。如果非要让人跟机器人较量一番，那么机器人肯定是不堪一击的。机器人的智能也永远无法与人相比。至于机器人会不会统治世界，结论是显而易见的：请放心，这是故事中的情节，绝不可能成为事实。

大脑和计算机

　　美国约尼克公司的职员洛尔对总经理约尼克的财富早已垂涎三尺。经过侦察，洛尔发现，约尼克打开金库大门的方法十分奇特：只是用手指按一下门的下部三个电钮中的中间一个。一天中午，财迷心窍的洛尔偷偷地来到金库门口，迅速按下中间那个电钮，谁知金库大门竟然纹丝不动。在惊慌之中，洛尔按了一下上面的电钮，顿时，铃声大作，警卫人员纷纷赶来，洛尔束手被擒了。

　　原来，约尼克已在金库门上安装了一种指纹钥匙锁，它能根据开门者的指纹，判断是不是约尼克本人。如果是，大门便立即自行开启；如果不是，门便始终紧闭着。在这种奇特的锁中，电子计算机是举足轻重的。

　　电子计算机是 20 世纪最重大的科学成果之一。它具有非凡的计算能力，现代最快的计算机在一秒钟内，能完成上千万亿次运算，这种计算速度和可靠性是人工计算望尘莫及的。计算机还能模仿人的某些感觉和思维功能，按一定的规则进行判断和推理，代替人的部分脑力劳动。正因为这样，所以计算机受到了人们的高度重视，被称为"电脑"，而且在各个领域得到了广泛的应用。

　　在工业生产上，用计算机控制机器，可以使整个生产过程实现自动控制，极大地提高了生产效率。

指纹识别已被用于很多身份确认领域。图片作者：Rachmaninoff

在农村，计算机已能用来自动控制农作物的灌溉、施肥和喷洒农药，也能用来管理机械化养鸡和养牛。在医院里，计算机还能当"医生"，它一丝不苟地为病人作检查、诊断疾病和开药方。在学校里，它成了优秀"教师"。在美国某大学里，有一套电子计算机系统，协助讲授150门功课，从讲授外国语到火箭科学，从布置习题到帮助解题、改

食品工厂中的机器臂正在装卸面包。

错和评分，全都包了下来，学生们都称赞这位"老师""态度和蔼"，而且"善于因材施教"。在家庭中，计算机能像勤劳聪明的主妇那样，指挥各种家庭用具，按主人的意图互相协调地完成各种家务事。在理发店里，计算机也开始大显身手了。顾客一踏进店门，计算机便掌握了他身上的一切特征：年龄、头型、脸型、发质、肤色等。几秒钟后，它便提出建议，这位顾客适宜理什么发型，用哪种化妆品较好。这些建议既合理又符合实际，往往比一般理发师考虑得周到。

尽管电子计算机才能非凡、神通广大，在某些方面远胜于人，但人脑仍是世界上最完善的"天然计算机"。

现代计算机总是按照人规定的程序进行工作。在这些程序中，人要为计算机预见到一切可能发生的情况，并安排好计算机该如何做出反应。一旦出现了意料之外的情况，计算机便晕头转向，束手无策了。

当一台计算机的一个部件，甚至一个元件发生损坏或故障时，整个装置就不能工作了。计算机越复杂，组成的部件数目越多，发生故障的几率也越高。"得天独厚"的是，人脑的组成"元件"——神经细胞的数目远远超过计算机，而且还有着计算机不可比拟的高度可靠性。原因何在呢？是不是因为人脑细胞一点也不会发生差错呢？不是的。人脑有140亿个神经细胞，在人的一生中，每小时约有1000个神经细胞发生障碍，一年之内就有近900万神经细胞丧失功能。对于一个80岁的老人来说，他的大脑已有约8亿个神经细胞不起作用了，几乎占神经细胞总数的8%。然而，即使如此，大脑仍能正常地工作。原因很简单：大脑有足够的"备用力量"，一些神经细胞发生了故障，另一些"备用"的神经细胞马上顶替上去了。科学家们仿照这一原理，研制成了一种高度可靠的电

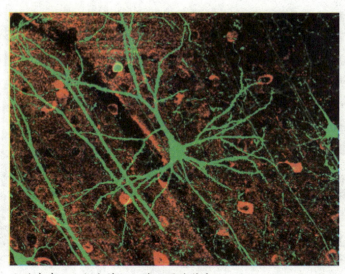

人脑中有 140 亿个神经细胞。图片作者：Nrets at en.wikipedia

子线路。据说，这个线路即使有一半元件失去作用，仍能正常工作。

人脑不仅非常完善，而且小巧玲珑、工作效率极高：拥有 140 亿神经细胞的人脑，体积只有 1.5 立方分米，所需的能量只不过 10 瓦左右。如果我们制造一台计算机，其中元件的数量和人脑细胞的数量一样多，每个元件的体积为 1 立方厘米，耗能 0.1 瓦，那么这台计算机就是个庞然大物了：体积达 1 万立方米，是大脑体积的 600 万倍；所需能量高达 100 万千瓦，相当于一座现代化大型水电站的发电量。显然，在高效可靠和微小型化方面，人脑是计算机最理想的样板。目前，有些科学家已经在缩小电子计算机体积方面获得了成果——制成了微型万能数字计算机。这台袖珍电子计算机的体积只有 100 立方厘米，总重量约为 450 克，工作时所需要的功率相当于 16 瓦。与类似的小型半导体计算机相比，这架袖珍电子计算机的体积要小 100 多倍，重量减轻了 40 多倍。

科学家们已经发现，电子计算机的工作能力之所以远不如人脑，主要原因是它们的"基本元件"不同。目前，电子计算机的基本元件是晶体管或集成电路块，而人脑的基本元件是神经细胞。所以，要模仿人脑造出具有一定思考能力的电子计算机，首先就得模仿神经细胞造出电子计算机的"基本元件"。现在，这一研究已经取得了一定的进展。科学家已经制成一些神经细胞的模型，它们已能显示出活细胞的某些特性，如对有关的外界刺激会产生适应性等。

有了人造的神经细胞之后，接着就得深入研究神经细胞之间的复杂联系，探索密如蛛网的神经结构的奥秘，以及人脑的认识、记忆、推理和判断等意识活动的细节。可以预料，随着对人脑研究的不断深入，一定会出现比现在更聪明、

更能干的计算机。

机器人世界

　　很早以前，人们就对机器人感兴趣了。西周时工匠偃师曾制造出许多机器歌舞人。它们既能快步行走，俯仰自如，又能跟着音律歌唱，应节舞蹈。

　　传说诸葛亮在隆中的时候，有一次，家里来了一些客人，他叫妻子做面招待。那时，做面比较麻烦，很花费时间。谁知他的妻子不一会就做好了。诸葛亮大为惊讶。以后，妻子做面时，他就暗中注意观察。原来，是几个木头人在打麦和磨粉。后来，诸葛亮根据制作这些木头人的原理，进一步研究制成了《三国演义》中提到的会自动行走的木牛流马。

　　然而，机器人的诞生还是现代的事。为了向宇宙空间和大洋深处进军，为了在熊熊燃烧的地方或充满射线的环境中操作，人们便开始寻找自己的替身——能模仿人体一部分功能的机器，这就是机器人。

　　据统计，光是 2013 年一年，步入工作岗位的工业机器人就有17.9 万台，它们成了机器人世界的生力军。在火灾还不太明显时，"机器救火员"第一个奔赴现场，用它携带的两个灭火器及时将火扑灭。如果你要把重物搬上楼，而电梯恰好发生故障，那 40 条腿的"机器搬运工"可以助你一臂之力。在铸造车间，机器人会"认真"地把铸件放在传送带上，一口气干上 17 小时才"下班"；如果生产紧张它可以连续工作一天一夜。在汽车制造厂，机器人可以干更复杂的活：焊接、喷漆或装配等。

人们模仿动物，制造出能搬运重物的机器人。

在农业生产中，机器人已经大显身手。法国的"大田机器人"脚下有两个或四个轮子，身上装有四至六只手。这是一个多面手，能播种、移苗、除草、培土、耕耘，还能消灭农业害虫。前苏联的"养猪机器人"完全像个出色的饲养员。它有八只手，能按时给小猪喂食，能根据气候变化调节猪舍的温度，还能为猪称体重，给它们做健康检查。当猪舍需要打扫和消毒时，机器人会自觉地把地扫得干干净净，然后撒上石灰进行消毒。

"机器人音乐家"也已崭露头角。日本有一支机器人乐队，成员中有黑管手、铜管手、弦乐手，也有钢琴手、吉他手等。它们在舞台上的坐态站姿以及持各类乐器的架势，跟人一模一样。一曲活泼的"四个小天鹅"，从这些机器人的乐器中流淌出来。它们配合默契，明亮、清晰、准确的乐声浑然一体，使人们仿佛觉得这是一支训练有素的专业乐队。

在机器人世界中，各种行家里手应有尽有。不光有医学家、服装设计师、画家，还出现了杂技演员。在一个圆形舞台上，机器人开始表演杂技"转陀螺"了：一个机器人把陀螺转得飞快，另一个机器人用木棒或刀刃去接这个快速旋转的陀螺；两"人"配合默契，陀螺始终不会翻滚下来，就像杂技大师在做精彩表演。

德国一位工程师研制成一种"拳击机器人"。过去拳击运动员是用悬挂起来的梨形沙袋作为"厮杀"和"格斗"对象的。这种"拳击机器人"是用皮革制成的，里面充满了锯木屑。它的外形很像舞台上的玩偶，可以根据运动员的高矮调整自己的身高。与运动员对阵时，它动作灵活，能弯腰或后仰，一会儿向前跳跃，一会儿往后退却，巧妙地躲避对方的攻击，还能以迅雷不及掩耳之势，用机器手回击运动员。原来，机器人内部装有微处理器，贮存了事先编制好的拳击程序。颇为有趣的是，这种机器人不仅能充当运动员的陪练，还可以单独表演。

机器人可以替代人类，从事一些危险的工作。

考察活火山是一种惊险的壮

举。为此，不少科学家献出了宝贵的生命。20世纪90年代，美国研制的机器人"戴迪"被派遣到南极洲海拔3700米的艾里勃斯活火山，由直升机送到随时都可能喷发的火山口，然后纵身跃入350米深的火山口，进行人类史上首次对火山口深处神秘构造的考察和研究。消息传开后，科学家们十分兴奋。有的还给"戴迪"写了热情洋溢的信，祝它"旗开得胜、马到成功！"

　　"机器人警察"也已问世。它有两只柔性手臂，各长1.2米，由液压系统操纵。必要时可以把电视摄像机装在手臂端部，以便伸到汽车下面检查一下是否放有爆炸物。在夜间，可以让机器人带上红外线摄像机，使它能在漆黑的环境中跟踪罪犯，将对方擒获。这种机器人武艺高强，掌握100多种擒拿手段。它每小时可走60千米，还能发出使罪犯不寒而栗的恐怖的声音。机器人的头部会向罪犯的眼睛发出强光，使对方看不清四周的物体。如果发现罪犯有危险动作，机器人会以泰山压顶之势，把对方击倒在地。

　　能管家的机器人也出现了。它会开门，报告客人已经光临；冬天，当你进门时，它会帮助你脱大衣；它会问你是否要喝一些饮料，如果你做了肯定的回答，它就会给你端上来；一旦发生水灾、火灾或房内有不正常的声音，它会自动报警；它会根据气温变化，调节室内的温度；它能监护在房中玩耍的小孩，还会唱催眠曲，使孩子安然入睡；它能掌握七种不同的语言，对不同性别的人，报以不同的称呼。

　　随着微型计算机技术的发展，西方童话中听人差遣的小精灵已经进入我们的现实生活。微型机器人在工业中得到了广泛应用，正在人们的日常生活中发挥越来越重要的作用。其中，有睡梦中替你刷牙的微型机器人，有充当保镖的微型机器人。微型机器人制造公司生产的微型"家仆"，颇像传说中的"田螺姑娘"，成了人们清理、打扫卧室的好帮手。平时，"家仆"被贮存在"蚁垤"——硬面包圈那么大的小容

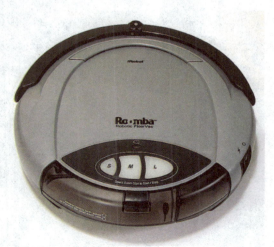

现在"扫地机器人"已经走进了越来越多人的家里。
图片作者：Larry D.Moore

器中。人们常把"蚁垤"放在房间椅子下或家具背后不显眼的地方。屋内寂无声息一小时后，"蚁垤"中几千个微型"家仆"——形状和大小如丁香花苞的有腿运输器，便倾巢而出，散布在房间各个角落。它们四处收集松散的沙粒、纤维屑、头发和其他碎片，然后运回"蚁垤"。主人回家了，"蚁垤"会发出声音，召回微型"家仆"。"蚁垤"的作用类似小型废物处理厂。内有专门处理垃圾的专业微型机器人：有的分泌酶或细菌，破坏有机物或进行消毒；有的用"小钳子"剪碎或轧碎体积较大的东西。"蚁垤"把这些废料垃圾密封在塑料袋中，放在指定的场所。这样，房间就被清理和打扫得干干净净了。

听话的机器

在电影《摩登时代》里，资本家为了缩短工人的吃饭时间，采用了一种"自动进餐机"。结果，由于开关失灵，进餐机失去了控制，以越来越快的速度给工人喂食，甚至连螺丝和零件等，也被塞进了工人的嘴里。机器会给人带来方便，但是不听从指挥以后，也会给人带来灾难。

当然，绝大多数的机器还是服从命令听指挥的。但是人和机器毕竟缺乏"共同语言"，它们对人的语言是一窍不通的。要是机器能听懂人说的话，那该多好啊！为此，科学

卓别林的电影《摩登时代》想象出了一幕幕机器给人带来的麻烦。

家们进行了研究。

现在，这一研究已初步获得成功，机器不仅能听懂人说的话，还能和人对话呢！这是怎么一回事呢？要知道，人的声音基本上是由两部分组成的：一部分是由声带产生的蜂音，另一部分是由空气经过舌头产生的嘶音。有一种装置（音码器）能把人的声音分成两部分，然后把声音信号变成一连串的数字信号。如果预先把人讲话的声音，通过音码器储存在电子计算机里，那么当人们和电子计算机说话时，经过一番比较，它就能心领神会，并照此办理了。同时，电子计算机还可以通过声音合成器，把数字信号还原成声音，用人的语言向主人汇报。

这台人形机器人能用四国语言为人指路。
图片作者：Gnsin

如今，能和人对话的电子计算机和机器人已经出现了。人可以口头下达命令，让这种机器人到室内寻找物品。找到这一物品后，它便立即用人的语言告诉主人，然后迈开大步前去取物。科学家正在进一步研究，让这些计算机或机器人不仅听懂人话，还能辨别说话者是谁：是不是它熟悉的人，然后确定究竟是否执行命令。

人们还研制出了人工耳。这是一种由压电材料做成的电子耳。这种压电材料一旦受到轻微声波的振动，就产生了机械振动，然后转换为电信号，通过电声元件，发出人耳可听到的声音。这种人工耳的灵敏度很高，在两三千克的粮食中，只要有一只害虫在爬行，就能听到。

如果把人工耳装在车床上，那么，当车床发出异常声音时，它就会自动报警，或干脆把车床关掉。倘若把人工耳装在飞机上，它就能及时"报告"机身被锈蚀的情况。因为这时凝结的水汽和金属铝化合在一起，生成氧化铝并放出氢气，人工耳听到了氢气泡形成、变大和破裂时发出的声音。如果将人工耳应用于通信系统中，那么600个电路通道就可压缩成一个通道。

有人已研制了一种语音打字机，其中的主要部件就是人工耳。这种打字机能根据人口授的语言，直接打字。

　　残疾人往往是依靠轮椅来行走的。对于全身瘫痪的病人，普通的轮椅便无能为力了。为了帮助这种病人，科学家设计了一种语音控制轮椅，里面也装有人工耳。这种轮椅非常"忠实"于自己的主人，它完全按照口令行事：前进，左右转弯，停止或倒退。另外一些语音控制机也正在研制中。它们能按人的命令，开关电灯、收音机、电视机，或为主人翻开书报等。

人造肌肉

　　鸟飞，兽走，鱼游；人进行体力劳动和运动，这里力量都来自身体的肌肉。

　　肌肉具有惊人的动力，它能提起比自身重许多倍的物体。现代生理学揭示，肌肉之所以能收缩做功，主要靠肌原纤维，它在神经信号的刺激下，使肌肉变短、变粗，牵引肌腱而使动物和人体运动。实验表明，肌肉能以 80% 的效率，把食物的化学能直接转变成机械能。现代涡轮机的效率算是比较高的了，也只有 30% 左右，与肌肉的效率无法同日而语。有人作了一番统计，人体全身肌肉约为 600 多块，占人体重量的 40%，如果所有这些肌肉都朝一个方向收缩，那么爆发出来的力量就能达到 25 吨。

有了肌肉，人才能奔跑、呼吸、做各种运动。

图片作者：Ed Yourdon

　　如今，人们模仿肌肉的优异特性，用聚丙烯酸等聚合物制成了人工肌肉。这种聚合物像个近似球形的疏松线团。如果把它溶解在水里，加入氢氧化钠以后，线团就会被拉长。这时若把重物连在它的下面，再加入盐酸，线团就会收缩，恢复原状。再加入氢氧化钠，线团再次伸长，如此循环往复，就像人体胳膊的肌肉一样。

有人用胶原蛋白做人造肌肉的材料。胶原蛋白是人体皮肤和动物皮革的主要成分，它的分子很像螺旋弹簧。把胶原蛋白浸入溴化锂溶液后会迅速收缩，同时做功；用纯水将溴化锂洗去，胶原蛋白又恢复了原来的长度。这种材料能把化学能变成机械能，效率可达65%左右。用这种人造肌肉制成的发动机不仅效率高，而且结构简单。它用不着齿轮、活塞和杠杆，因而体积小、重量轻、操作简便。一旦这种发动机得到广泛应用，飞机、火车、汽车等将以崭新的面貌出现在世界上。

有的科学家设想用人造肌肉制造步行机。这种步行机尽管身高体胖，却动作敏捷。它能搬运重物，在泥泞的沼泽地和崎岖不平的路面上行走，也许会成为新颖的运输工具。

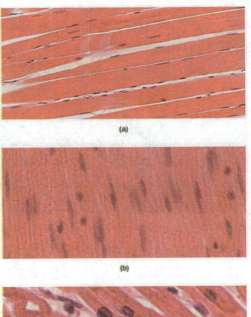

人体中有三种肌肉：骨骼肌、平滑肌和心肌。
图片作者：OpenStax College

英国海军还设计了一种袖珍航空母舰。与众不同的是，舰上没有飞行甲板，却有两只大型机械手。飞机起飞时，机械手把飞机从机库中"拎"出来，举到半空中将飞机放飞；飞机归来时，机械手一把抓住悬空停着的飞机，把它放回机库。

模仿人的肌肉纤维的生物聚合物已经问世。这是由三种氨基酸（缬氨酸、脯氨酸和甘氨酸）按一定顺序组成的。它富有弹性，能随环境温度和酸碱度变化而伸长或收缩。

科学家预料，这种人造肌肉材料有着广泛的应用前景。在开刀以后，不少病人会因手术使附近器官发生粘连，而感到疼痛难忍。有了这种人造肌肉材料，

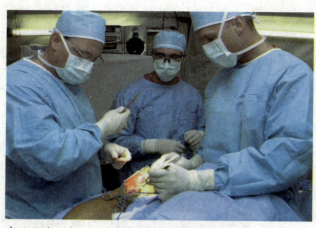

有了人造肌肉，也许就可以在外科手术中促进伤口痊愈。

外科医生就可以根据手术需要，把这种新材料切成条状或片状，覆盖在刀口上。由于这种材料柔软，无毒性，能被人体吸收，就能有效地避免手术后发生粘连。

在治疗烧伤病人时，为了避免烧伤部位被感染，医护人员常把真皮或假皮材料覆盖在这一部位。应该说，人造肌肉材料是最理想的假皮材料了：可以把它制成泡沫状，喷涂在病人的烧伤部位，也可以制成薄膜状，敷贴在烧伤部位。如果在人造肌肉材料中再添上适量的抗生素药物，它就能有效地防止感染了。

在机械或其他领域，这种人造肌肉材料也有着广阔的应用前景。如果用这种材料制成机器人的抓手，便能"翻手为云，覆手为雨"，抓鸡蛋时不必担心蛋壳破损，抓钢棒时不用担心重物坠地。有人发现，把这种人造肌肉材料放在盐水中，它就会一边伸长，一边从盐水中吸取不含盐的水。一旦这种材料离开了盐水，它便会收缩，同时排出不含盐的淡水。这就为海水淡化提供了一条新的途径。在航天飞行时，就可采用这种方法从不同的溶液中回收水分，供飞行员使用。

有了人造肌肉，就能防止各种烧伤出现感染。

图片作者：K. Aainsqatsi at en.wikipedia

人工器官

　　《封神演义》里有这样一段故事：太乙真人用两朵莲花、三片荷叶和折成300个骨节的荷叶梗，做成人形，内放金丹，口吐仙气，使闹海的哪吒得以死而复生。

　　神话毕竟不是现实。莲花、荷叶和荷叶梗是无法代替人的肢体的。但是这故事毕竟反映了古代人们的一种美好愿望：修补损伤了的肌体。长期以来，为了实现这个愿望，人们曾用象牙、木材、黄金和不锈钢、钛合金等修补人体。这些坚硬的材料用来修补人的骨骼是可以的，但是代替人的筋肉就不行了，更不用说用来制作具有各种特殊功能的器官了。

　　现代科学技术的发展，终于在医疗史上揭开了新的一页。1959年，美国哈佛医学院的肾脏病专家默雷尔接到了一封求救信，写信人是位著名的经济学家，严重的肾脏疾病使他的生命危在旦夕。这位经济学家恳求默雷尔设法延长他的生命，哪怕是几个月也好，让他把一部经济学巨著的最后几章写完。默雷尔接受了病人的请求，用模拟肾脏的人造器官——人工肾，延缓了病情。这位经济学家用有限的时间挥笔疾书，终于完成了这部巨著。这可能是世界上第一个靠人工肾延长生命的病例。

　　很快，关于人工肾的研究取得了新的突破。当一名美国大学生阿尔伯斯用人工肾代替体内已经衰竭的肾脏时，一个奇迹便出现了：他不仅维持了生命，而且在治疗过程中完成了博士论文。现在，阿尔伯斯还活着，他已是一个学院的副院长。这是世界上靠人工肾存活最久的病人。像阿尔伯斯这样依靠人工

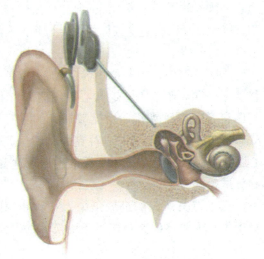

人工耳蜗可以使聋哑人听到声音。

人工心脏能够替代患者损伤的心脏继续工作。

图片作者：rick proser

器官获得第二次生命的病人，如今，世界上已有10万人以上。

为什么人工肾有这么大的作用呢？人体内的肾脏是用过滤的方法，来清除代谢产生的废物和毒素。人工肾是一种特殊的容器，里面盛有一种专门配制的液体（透析液），当病人的血液从半透膜的管道中通过容器时，血液中的尿素等物质就被溶液清除了。

除了人工肾外，人工心脏、人工肝脏、人工胰腺、人工视觉和听觉等研究也取得了进展。其中，进展最快的要数人工心脏了。心脏就像个泵，不停地驱动血液流向全身。因而人工心脏的设计就与人工肾不同，它必须有驱动装置、提供能量和进行控制的装置。现在的人工心脏是用压缩空气作动力，促使血液在体内的血管和体外的人工通道中周而复始地循环着。美中不足的是，最初的人工心脏体积太庞大，无法安装到人体中去。为此，人们在研究用核能驱动，用电子计算机来调节它的搏动，以便早日将人工心脏植入体内。

人工心脏的研究是大有希望的。1969年，科学家给一位47岁的心脏病人移植了一颗人工心脏，这颗心脏在病人身上连续工作了64个小时。1982年，美国科学家贾维克将一个比普通人的拳头稍大一点的人工心脏，移植到一位62岁的退休牙医巴克·克拉克的胸腔里。这颗用聚氨酯塑料和铝制成的人工心脏，使克拉克维持了112天的生命。这就是曾经轰动世界医学界的一次人工心脏试验。

人工器官研究的进展是令人欢欣鼓舞的。人们千百年来的愿望不久将要实现了，人类将像修补机器和更换零件那样，修补和更换自己的各种器官。

电子线路中的动物

　　波涛汹涌的海面上，一架救生直升机在盘旋。奇怪的是，直升机的瞭望台上竟然空无一人。是瞭望员擅自离开了岗位吗？不，这位"瞭望员"正在目不转睛地眺望着海面，它是一只鸽子。突然，鸽子发现了目标，它用嘴啄着面前的仪器，于是飞机就按它指示的方位降落，很快救起了一个落水的人。

　　科学家发现，鸽子的远距离视力比人强得多。即使在 800 米外的海面上有个救生圈大小的物体，它也能看得清。原因很简单，鸽子是远视眼。试验表明，让它担任"瞭望员"确实比有经验的人更为出色。

　　经过训练的鸽子还可以用来控制军用火箭，使之准确无误地击中目标——飞机、潜水艇或地面上的炮兵阵地。在这里，鸽子是怎么进行工作的呢？原来，火箭的头部装有跟踪目标的装置，它能将目标的物像传送到地面的一个荧光屏上，鸽子就站在这个荧光屏前。如果火箭准确地朝着目标飞行，屏上就不出现图像。但是，只要火箭稍微一偏离目标，目标的物像便跃然屏上，这时，鸽子就会频频啄击这目标。鸽子的嘴上装有金属套，啄击时产生的电流送到了控制火箭的装置，火箭便重新回到正确的飞行方向上。为了提高可靠性，人们不是用一只鸽子，而是同时采用三只鸽子，使控制火箭的装置按多数鸽子的"意见"行事。

　　有人还试过让猫来控制空对空导弹。导弹外壳上的电子和电子光学装置，能直接把信号发送给猫的脑，或者在猫眼前放上荧光屏，用电视机来接收目标的图像。一旦导弹的轨道偏离了目标，猫就产生了条件反射，把这个偏差纠正了过来。试验表明，猫眼比红外线装置更敏感和可靠；在高温闪光

鸽子在空中也能看清地面上的物体。

图片作者：Alan D.Wilson, www.naturespicsonline.com

金鱼不仅是个美丽的动物，而且成了水质检测专家。

的影响下，红外线装置常会使导弹偏离真正的目标，而猫眼却不受干扰。

上面的试验说明，在电子线路中可以直接用动物进行控制。有人预料，这种线路将用于导弹中，这样导弹不仅提高了对目标的分辨率，而且当目标运动时，也能自动改变航向，跟踪追击。这种线路还可以使无人驾驶的飞机，像有人驾驶那样在蓝天中作机动飞行。

在大自然中，许多生物都是十分理想的自动控制系统。翱翔于蓝天的鸟儿、游弋于碧水中的鱼类和苍翠欲滴的植物，都是活的自动控制器。进一步研究这些生物，对于改进和研制新的自动控制系统大有好处。

以往，五彩缤纷的金鱼只不过是一种供人观赏的鱼类。如今，有人设计了一种污染监测仪，活蹦乱跳的金鱼竟然充当了仪器的"探头"！当水中有毒物质的浓度上升时，如锌离子的含量达到每升 7.6 毫克时，金鱼便一反常态，变得焦灼不安了。这时，可用光电自动计数器进行测量，也可以把电极直接插在鱼身上，使自动记录器显示出呼吸率上升、心搏率下降等情况。这样，人们便可了解水质污染的情况了。

有趣的逆仿生学

美国生物学家卡拉汉教授年轻时曾在部队服役，主要从事无线电通信方面的研究。后来，他被昆虫的通信系统迷住了。为什么谷蛾能准确无误地找到它要寄生的谷穗，而不会飞到土豆植株上去呢？他冥思苦想一直找不到答案。

一天，卡拉汉在研究谷蛾的触角时，突然想到了无线电天线。这位生物学家意外地发现，它们之间竟然有着惊人的相似之处。他灵机一动，开始用天线的原理解释昆虫的这一行为。因为天线

谷蛾的触角如同无线电的天线，能接收信号。
图片作者：Sarefo

是用来接收电磁波的，光也是一种电磁波，因而他推断，昆虫的这一行为与某一种光波密切有关。经过多年的研究，卡拉汉终于发现，谷蛾等夜行性昆虫是借助红外线进行通信的。

卡拉汉对这件事感触很深，由此他提出了"逆仿生学"的概念。仿生学是通过模仿生物来创造崭新的机械设备和工艺技术，而逆仿生学则首先研究人们已经设计制造出来的东西，然后观察自然界中的生物是如何采用类似的技术，以便揭开生物界很多奇特现象的谜底。

在生物学的研究史上，类似的事例是不胜枚举的。蝙蝠是昼伏夜出的动物。在苍茫的暮色中，在黑暗的岩洞里，它都能飞行自如，从不会撞上什么东西。这是因为蝙蝠在夜间有特别敏锐的视觉吗？不是的。有人曾经做过一个实验：在一间房子里挂了很多的绳子，绳子上系着许多小铃铛，把蝙蝠的眼睛蒙起来，让它在这间房子里飞行。结果，蝙蝠足足飞行了几个小时，一次也没碰到过绳子和小铃铛。但是，如果把它的双耳塞住，蝙蝠便多次碰到绳子，搞得小铃铛叮当发响。

这是怎么回事呢？难道蝙蝠是用耳朵看东西的吗？1922年，一位科学家提出，蝙蝠能发出超过人耳听力范围的声音。它是怎样用超声波来探测目标的呢？此人想起了超声波定位仪：由超声波发射器发出一束超声波，超声波遇到水下目标时会被反射回来，超声波接收器接收反射回来的回波后，便能根据回波的返回时间和方位，确定水下目标的距离和方位。这位科学家认为，蝙蝠在黑暗中识别目标的原理，与超声波定位仪是一模一样的。

1938年，美国生物物理学家格瑞芬用电子测量仪器证实了人们的猜测：蝙蝠确实是用超声波定位的。原来，蝙蝠的喉咙能产生一种超声波，通过嘴巴和

蝙蝠用喉咙产生超声波，用耳朵接收回声。

鼻孔向外发射出来。遇到物体时，这种超声波便被反射回来。蝙蝠的耳朵听到回声后，经过脑的分析，就能辨别物体的大小、形状和距离，区分这是食物还是障碍物。

潜水艇的沉浮原理对鱼的研究也很有启发。潜水艇是第一次世界大战时期问世的。后来，工程技术人员用水舱充气排水和充水排气的方法，控制潜水艇的沉浮。相比之下，鱼是靠鳔沉浮的，可是多种鱼的鳔既与外界隔绝，又不受肌肉的控制。那么，鱼鳔是怎样使鱼体沉浮自如的呢？人们按照潜水艇的沉浮原理，终于找到了这个问题的答案：鱼鳔内层有一种由微血管组成的腺体，它像气泵那样，能把血液中的气体抽到鳔里来；而鱼鳔的背面有一个卵圆形的窗口，能把鳔中的气体排到附近的血管里。于是，鱼就可以通过这腺体和窗口进行充气和排气，调节鳔的大小，使自己上浮和下沉了。

　　为什么人类设计制造的东西，与生物的一些组织器官在功能上竟然如此相似呢？这是因为人们的发明创造是遵循自然规律的结果，生物的一些高超能力也遵循着自然规律，两者殊途同归。这就使人们有可能把逆仿生学作为研究生命现象、解开自然之谜的一把神奇的"钥匙"。

鱼靠鱼鳔在水中沉浮自如。图片作者：Diliff